第十届 中国土木工程詹天佑奖

10th 获奖工程集锦

中 国 土 木 工 程 学 会
詹天佑土木工程科技发展基金会 主办

谭庆琏 主编

中国建筑工业出版社

《第十届中国土木工程詹天佑奖获奖工程集锦》编委会
Editorial Board of "Collection of Awarded Projects of the 10th Tien-Yow Jeme Civil Engineering Prize"

主　　编：谭庆琏
执行主编：张　雁
副 主 编：许溶烈　徐培福　王铁宏　王麟书　凤懋润
编　　辑：程　莹　董海军

Chief editor: Qing-Lian Tan

Executive chief editor: Yan Zhang

Associate chief editors: Rong-Lie Xu, Pei-Fu Xu, Tie-Hong Wang,
　　　　　　　　　　　　Lin-Shu Wang, Mao-Run Feng

Executive editors: Ying Cheng, Hai-Jun Dong

领导题词
INSCRIPTIONS OF THE LEADERS

继往开来，与时俱进，再创土木工程辉煌。

蔡庆华
二〇〇二年九月

依靠科技创新努力提高土木工程建设水平

谭庆琏
二〇〇二年六月廿日

中国土木工程学会副理事长、铁道部副部长蔡庆华题词　　INSCRIPTION OF MR. QING-HUA CAI

中国土木工程学会理事长、建设部原副部长谭庆琏题词　　INSCRIPTION OF MR. QING-LIAN TAN

质量是工程的生命
创新是质量的灵魂

李居昌 二〇〇三年 七月

中国土木工程学会顾问、交通部原副部长李居昌题词 INSCRIPTION OF MR. JU-CHANG LI

以科技创新而立之本
以质量为坚石核心
树土木工程百年丰碑

二〇〇四年四月
胡希捷

中国土木工程学会副理事长、交通部副部长胡希捷题词 INSCRPTION OF MR. XI-JIE HU

倡导科技创新 发展建设事业

许溶烈
二〇〇三年六月廿七日

詹天佑土木工程科技发展基金管委会前主席、中国土木工程学会顾问许溶烈题词　INSCRIPTION OF MR. RONG-LIE XU

贺詹天佑土木工程大奖

管理领先争优
科技创新夺奖

姚 兵
壬午之夏

中国土木工程学会顾问、中纪委驻建设部纪检组组长姚兵题词　INSCRIPTION OF MR. BING YAO

前言

詹天佑土木工程科学技术奖
第十届中国土木工程詹天佑奖获奖工程集锦

    土木工程是一门与人类历史共生并存、集人类智慧于大成的综合性应用学科，它源自人类生存的基本需要，转而渗透到了国计民生的方方面面，在国民经济和社会发展中占有重要的地位。如今，一个国家的土木工程技术水平，也已经成为衡量其综合国力的一个重要内容。

    "科技创新，与时俱进"，是振兴中华的必由之路，是保证我们国家永远立于世界民族之林的关键。同其他科学技术一样，土木工程技术也是一门需要随着时代进步而不断创新的学科，在我们中华民族为之骄傲的悠久历史上，土木建筑曾有过举世瞩目的辉煌！在改革开放的今天，现代化进程为中华大地带来了日新月异的变化，国民经济发展迅猛，基础建设规模空前，我国先后建成了一大批具有国际水平的重大工程项目。这无疑为我国土木工程技术的发展与应用提供了无比广阔的空间，同时，也为工程建设者们施展才能提供了绝妙的机会。可是我们不能忘记，机遇与挑战并存，要想准确地把握机遇，我们必须拥有推陈出新的理念和自主创新的成就，只有这样，我们才能在强手如林的国际化竞争中立于不败之地，不辜负时代和国家寄予我们的厚望。

    为了贯彻国家关于建立科技创新体制和建设创新型国家的战略部署，积极倡导土木工程领域科技应用和科技创新的意识，中国土木工程学会与詹天佑土木工程科学技术发展基金会专门设立了"中国土木工程詹天佑奖",以资奖励和表彰在科技创新特别是自主创新方面成绩卓著的优秀项目,树立科技领先的样板工程,并力图达到以点带面的目的。自1999年开始,迄今已评奖十届,共计251项工程获此殊荣。

詹天佑奖是经住房和城乡建设部审定(建办[2001] 38号和[2005] 79号文)并得到铁道部、交通运输部、水利部等鼎力支持的全国建设系统的主要奖励项目;同时也是由科技部核准的全国科技奖励项目之一(国科奖社证字第14号)。

为了扩大宣传,促进交流,我们编撰出版了这部《第十届中国土木工程詹天佑奖获奖工程集锦》大型图集,对第十届的30项获奖工程作了简要介绍,并配发了具有代表性的图片,以助读者更为直观地领略获奖工程的精华之所在。另外,我们也想借助这部图集的发行,赢得广大工程界的朋友对"詹天佑奖"更进一步的了解、支持和参与,希望通过我们的共同努力,使这一奖项更具"创新性"、"先进性"和"权威性"。

由于编印时间仓促,疏漏之处在所难免,敬请批评指正。

本图集主要是根据第十届詹天佑奖申报资料中的照片和说明以及部分获奖单位提供的获奖工程照片选编而成。谨此,向为本图集提供资料及图片的获奖单位表示诚挚的谢意。

PREFACE

SCIENCE & TECHNOLOGY PRIZE IN CIVIL ENGINEERING
THE 10th TIEN-YOW JEME CIVIL
ENGINEERING PRIZE COLLECTION OF AWARDED PROJECTS

Civil engineering, originated with the history of human being, is a comprehensive applied science concentrated with all human wisdom. It was developed owing to the basic requirements of human existence, and its activities were extended to all aspects of national economy and people's livelihood, playing an important role in the national economy and the social development. At present, the level of civil engineering technology in a country has become a measure of the national power of the country.

"Innovation of science and technology with time" is a necessary way for the development of China, and is a key to ensure that our country will stand in the rank of powers in the world forever. Similar to other disciplines, civil engineering should be advanced and innovated with time too. In the long history of the Chinese nation, which we are proud of, civil engineering were splendid all over the world. In the present epoch of open and reform, the process of modernization has brought a great change in every aspect in China: the national economy develops rapidly and the basic construction is great in scale unprecedently. A lot of important projects of international level have been built now and then. Undoubtedly, it provides an incomparable space for the development and practice of civil engineering in China, and at the same time, it also provides an excellent chance for our civil engineers to display their talents. However, we should not forget that opportunity and challenge are co-existed. If we want to grasp the opportunity accurately, we should have a concept of weeding through the old and achievement of bringing forth the new, as well as practice in accordance with the concrete conditions in China. Thus, we can stand firmly in the international competition and achieve actively, not fail to live up to the expectations of our country and epoch.

In order to carry out the national strategy for establishment of a system for innovation of science and technology and encourage actively a new concept of innovation and practice in the field of civil engineering, a grand prize "Tien-Yow Jeme Award for Science and Technology in Civil Engineering" was established specially by China Civil Engineering society and Tien-Yow Jeme Foundation for Development of Science and Technology in Civil Engineering to award and encourage the outstanding projects and advanced demonstration works and try to use the experience of the awarded projects or works to promote the profession in the entire area of civil engineering. From 1999 up to now, a total of 251 projects have been awarded in ten meetings. This award was approved by Ministry of Construction and supported vigourously by Ministry of Railways, Ministry of Communications and Ministry of Water Resources. It is not only a main encouraging project within the system of National Construction but also one of the first awards approved honourably by the National Science and Technology Awards Office.

In order to publicize the Prize and promote mutual understanding, a large-size album, namely, "Collection of Awarded Projects of the 10th Tien-Yow Jeme Civil Engineering Prize", was edited and published. Brief introductions are given in the collection to 30 awarded projects, supplemented with representative photos to help the readers realize the essence of the projects more directly. On the other hand, we try to bring the attention of more civil engineers to further realize the grand prix, and support and participate the award activity. We hope sincerely that, through our mutual effort, this award will be more innovative and authoritative.

Comments on the collection are warmly welcome and sincere thanks are given to the organizations of the awarded projects which provide information and photos to the album.

目录 CONTENTS

获奖工程及获奖单位名单
The List of Awarded Projects and Organizations　　013

中国土木工程詹天佑奖简介
Introduction of Tien-Yow Jeme Civil
Engineering Prize　　016

上海环球金融中心
Shanghai World Financial Center　　020

上海世博会中国馆工程
China Pavilion of World EXPO 2010 Shanghai　　026

上海世博会世博轴及地下综合体工程
Expo-axis of World EXPO 2010 Shanghai　　032

上海世博会主题馆
China Theme of World EXPO 2010 Shanghai　　038

上海世博会世博中心
Expo Center of World EXPO 2010 Shanghai　　044

上海世博会世博文化中心
Culture Center of World EXPO 2010 Shanghai　　050

上海光源（SSRF）国家重大科学工程
Shanghai Synchrotron Radiation Factility　　054

广东科学中心
Guangdong Science Center　　056

北京银泰中心
Beijing Yintai Center　　060

国家图书馆二期暨国家数字图书馆工程
National Library of China Phase II & National Digital Library of China　　064

济南奥林匹克体育中心
Jinan Olympic Sports Center　　068

陕西法门寺合十舍利塔工程
Construction of Famen Temple Buddhist Relics Tower　　074

武汉琴台大剧院
Wuhan Qintai Grand Theater　　080

重庆科技馆 Chongqing Science and Technology Museum	084
呼和浩特白塔机场新建航站楼工程 Terminal Extension Project of Hohhot Baita Airport	090
武昌火车站改扩建工程 Reconstruction and Extension Project of Wuchang Railway Station	092
东海大桥 Donghai Bridge	096
苏通长江公路大桥 Sutong Yangtze River Highway Bridge	102
重庆朝天门长江大桥 Chongqing Chaotianmen Yangtze River Bridge	108
武汉北编组站 Wuhanbei Marshalling Station Project	112
合肥至武汉铁路 Hefei-Wuhan Railway	118
武汉长江隧道 Wuhan Yangtze River Tunnel Project	124
云南思茅至小勐养高速公路 Yunnan Simao-Xiaomengyang Expressway	128
南京至淮安高速公路 Nanjing-Huai'an Expressway	134
新疆乌鲁瓦提水利枢纽工程 Wuluwati Multipurpose Dam Project	138
贵州乌江索风营水电站 Suofengying Hydropower Station, Guizhou Wujiang	142
沂河刘家道口节制闸工程 Liujiadaokou Check Sluice Project of Yihe	148
天津港北防波堤延伸工程 Extension Project of Breakwater in the North Part of Tianjin Port	152

青岛港原油码头三期工程
Qingdao Harbour Cruel Oil Terminal Project (3rd phase)   156

广州港南沙港二期工程
Guangzhou Nansha Port, Project (2nd phase)   160

北京小红门污水处理厂
Beijing Xiaohongmen Wastewater Treatment Plant   166

上海白龙港污水处理厂升级改造及扩建工程
Shanghai Bailonggang Wastewater Treatment Plant Upgrade
and Extending Project   172

北京奥林匹克公园中心区市政配套工程
Beijing Olympic Park Central District Municipal Conveyance Project   176

珠海格力广场住宅小区一期A区
Zhuhai Gree City Residential District (Area A of 1st phase)   182

获奖工程及获奖单位名单
The List of Awarded Projects and Organizations

上海环球金融中心
Shanghai World Financial Center

中国建筑股份有限公司
中建三局建设工程股份有限公司
上海建工（集团）总公司
中建国际建设有限公司
中国建筑第二工程局有限公司
中建钢构有限公司
中建一局集团建设发展有限公司
中建三局第一建设工程有限责任公司
上海市第一建筑有限公司
上海市安装工程有限公司
中国建筑第八工程局有限公司

1

上海世博会中国馆工程
China Pavilion of World EXPO 2010 Shanghai

上海建工（集团）总公司
上海市第四建筑有限公司
华南理工大学建筑设计研究院
上海建筑设计研究院有限公司
上海市机械施工有限公司
上海市安装工程有限公司

2-01

上海世博会世博轴及地下综合体工程
Expo-axis of World EXPO 2010 Shanghai

上海建工（集团）总公司
华东建筑设计研究院有限公司
上海市政工程设计研究总院
上海市第七建筑有限公司
上海市机械施工有限公司
上海市安装工程有限公司

2-02

上海世博会主题馆
China Theme of World EXPO 2010 Shanghai

上海市第二建筑有限公司
上海世博（集团）有限公司
同济大学建筑设计研究院（集团）有限公司
上海建浩工程顾问有限公司

2-03

上海世博会世博中心
Expo Center of World EXPO 2010 Shanghai

上海市第七建筑有限公司
上海世博(集团)有限公司
华东建筑设计研究院有限公司
上海建科建设监理咨询有限公司

2-04

上海世博会世博文化中心
Culture Center of World EXPO 2010 Shanghai

上海市第四建筑有限公司
华东建筑设计研究院有限公司
上海市机械施工有限公司
上海市安装工程有限公司
北京江河幕墙股份有限公司

2-05

上海光源（SSRF）国家重大科学工程
Shanghai Synchrotron Radition Factility

中国科学院上海应用物理研究所
上海建筑设计研究院有限公司
上海市第七建筑有限公司
上海建科建设监理咨询有限公司

3

广东科学中心
Guangdong Science Center

广东省建筑工程集团有限公司
中南建筑设计院股份有限公司
广东科学中心
广东省建筑科学研究院
浙江东南网架股份有限公司
广东省基础工程公司
广东省第四建筑工程公司
广州珠江工程建设监理公司
广东建雅室内工程设计施工有限公司
广州城建开发装饰有限公司

4

北京银泰中心
Beijing Yintai Center

北京城建集团有限责任公司
中国电子工程设计院
北京帕克国际工程咨询有限公司
北京城建四建设工程有限责任公司
北京城建亚泰建设工程有限公司
北京城建七建设工程有限责任公司
浙江精工钢结构有限公司

5

国家图书馆二期暨国家数字图书馆工程
National Library of China Phase II & National Digital Library of China

中铁建工集团有限公司
国家图书馆基建工程办公室
北京鸿厦基建工程监理有限公司
华东建筑设计研究院有限公司
浙江精工钢结构有限公司

6

济南奥林匹克体育中心
Jinan Olympic Sports Center

济南市城市建设投资有限公司
山东营特建设项目管理有限公司
中建国际（深圳）设计顾问有限公司
中建八局第二建设有限公司
北京城建九建设工程有限公司
中国建筑第五工程局有限公司
济南四建（集团）有限责任公司
济南一建集团总公司
山东三箭建设工程股份有限公司
中国建筑技术集团有限公司
江苏沪宁钢机股份有限公司
浙江精工钢结构有限公司

7

陕西法门寺合十舍利塔工程
Construction of Famen Temple Buddhist Relics Tower

陕西建工集团总公司
建学建筑与工程设计所有限公司
陕西省建筑科学研究院
陕西省第三建筑工程公司
陕西建工集团第五建筑工程公司
陕西建工集团机械施工有限公司
陕西建工集团设备安装工程有限公司

8

武汉琴台大剧院
Wuhan Qintai Grand Theater

武汉建工股份有限公司
中国一冶集团有限公司
广州珠江外资建筑设计院

9

获奖工程及获奖单位名单
The List of Awarded Projects and Organizations

重庆科技馆
Chongqing Science and Technology Museum

重庆建工第三建设有限责任公司
重庆市地产集团
重庆市设计院
中煤国际工程集团重庆设计研究院

呼和浩特白塔机场新建航站楼工程
Terminal Extension Project of Hohhot Baita Airport

河北建设集团有限公司
中国民航机场建设集团公司
浙江精工钢结构有限公司

武昌火车站改扩建工程
Reconstruction and Extension Project of Wuchang Railway Station

中铁建工集团有限公司
武汉铁路局站房工程建设指挥部
中铁第四勘察设计院集团有限公司
中铁四局集团有限公司
珠海兴业绿色建筑科技有限公司

东海大桥
Donghai Bridge

中铁大桥局集团有限公司
上海同盛大桥建设有限公司
上海市政工程设计研究总院
中铁大桥勘测设计院有限公司
中交第三航务工程勘察设计院有限公司
上海城建（集团）公司
上海市第二市政工程有限公司
路桥集团国际建设股份有限公司
上海建工（集团）总公司
中交第一航务工程局有限公司
中交第三航务工程局有限公司
浙江省围海建设集团股份有限公司
上海巨一科技发展有限公司
中铁武汉大桥工程咨询监理有限公司
上海市市政工程管理咨询有限公司

苏通长江公路大桥
Sutong Yangtze River Highway Bridge

江苏省苏通大桥建设指挥部
中交公路规划设计院有限公司
中交第二航务工程局有限公司
中交第二公路工程局有限公司
中铁大桥局集团有限公司
中铁山桥集团有限公司
武汉大通公路桥梁工程咨询监理有限责任公司
江苏法尔胜新日制铁缆索有限公司
山东省路桥集团有限公司

重庆朝天门长江大桥
Chongqing Chaotianmen Yangtze River Bridge

重庆中港朝天门长江大桥项目建设有限公司
中交第二航务工程局有限公司
中铁山桥集团有限公司
中铁宝桥集团有限公司
招商局重庆交通科研设计院有限公司
中铁大桥勘测设计院有限公司

武汉北编组站
Wuhanbei Marshalling Station Project

中铁大桥局股份有限公司
中铁第一勘察设计院集团有限公司
中铁十二局集团有限公司
中铁电气化局集团有限公司
北京全路通信信号研究设计院
武汉铁路局

合肥至武汉铁路
Hefei-Wuhan Railway

中铁第四勘察设计院集团有限公司
沪汉蓉铁路湖北有限责任公司
合武铁路安徽有限公司
中铁四局集团有限公司
中铁十一局集团有限公司
中铁隧道集团有限公司
中铁十二局集团有限公司
中铁大桥局集团有限公司
中铁二十五局集团有限公司
中铁电气化局集团有限公司
中国铁路通信信号集团公司
中铁七局集团有限公司
中铁十七局集团有限公司
中铁十局集团有限公司
中铁二十四局集团有限公司
中国交通建设股份有限公司

武汉长江隧道
Wuhan Yangtze River Tunnel Project

中铁隧道集团有限公司
中铁第四勘察设计院集团有限公司
武汉市城市建设投资开发集团有限公司
武汉市市政建设集团有限公司
中铁隧道股份有限公司

云南思茅至小勐养高速公路
Yunnan Simao-Xiaomengyang Expressway

云南思小高速公路建设指挥部
云南省交通规划设计研究院
云南省公路工程监理咨询公司
中国云南路建集团股份公司
云南阳光道桥股份有限公司
云南第二公路桥梁工程有限公司
云南云桥建设股份有限公司
云南路桥股份有限公司
云南第一公路桥梁工程有限公司
云南第三公路桥梁工程有限责任公司
云南云岭高速公路养护绿化工程有限公司
中国葛洲坝集团股份有限公司
中铁十二局集团第二工程有限公司
中铁十八局集团有限公司
浙江省交通工程建设集团有限公司
中交第二航务工程局有限公司
中铁十一局集团第四工程有限公司
中铁一局集团有限公司
中铁十五局集团第二工程有限公司
中铁隧道集团有限公司

获奖工程及获奖单位名单
The List of Awarded Projects and Organizations

南京至淮安高速公路
Nanjing-Huai'an Expressway

江苏省交通工程建设局
南京市公路建设处
淮安市交通工程建设处
中交第二公路勘察设计研究院有限公司
江苏省交通规划设计院有限公司
北京路桥通国际工程咨询有限公司
江苏东南交通工程咨询监理有限公司
中交一公局第三工程有限公司
中铁十八局集团有限公司
中铁十五局集团有限公司
南京交通工程有限公司
南京市路桥工程总公司
江苏江南路桥工程有限公司
江苏省镇江市路桥工程总公司
中铁十二局集团有限公司
中铁十九局集团第二工程有限公司

新疆乌鲁瓦提水利枢纽工程
Wuluwati Multipurpose Dam Project

新疆乌鲁瓦提水利枢纽工程建设管理局
新疆水利水电勘测设计研究院
中国水电建设集团十五工程局有限公司
葛洲坝新疆工程局（有限公司）
新疆生产建设兵团建设工程（集团）有限责任公司
新疆汇通水利电力工程建设有限公司
新疆水利水电工程建设监理中心

贵州乌江索风营水电站
Suofengying Hydropower Station, Guizhou Wujiang

贵州乌江水电开发有限责任公司
中国水电顾问集团贵阳勘测设计研究院
中国水利水电第八工程局有限公司
中国水利水电第六工程局有限公司
中国水利水电第九工程局有限公司
中国水电基础局有限公司

沂河刘家道口节制闸工程
Liujiadaokou Check Sluice Project of Yihe

淮委·山东省水利厅刘家道口枢纽工程建设管理局
中国水电建设集团十五工程局有限公司
山东省水利勘测设计院
安徽省大禹工程建设监理咨询有限公司
安徽水利开发股份有限公司
山东水总机械工程有限公司

天津港北防波堤延伸工程
Extension Project of Breakwater in the North Part of Tianjin Port

中交一航局第一工程有限公司
中交第一航务工程勘察设计院有限公司
天津港建设公司
天津港工程监理咨询有限公司
中交天津港湾工程研究院有限公司

青岛港原油码头三期工程
Qingdao Harbour Cruel Oil Terminal Project (3rd phase)

中交水运规划设计院有限公司
青岛港（集团）有限公司
青岛港务局港务工程公司

中交一航局第二工程有限公司
天津天科工程监理咨询事务所

广州港南沙港二期工程
Guangzhou Nansha Port, Project (2nd phase)

广州港集团有限公司
中交第四航务工程勘察设计院有限公司
中交第四航务工程局有限公司
中交一航局第五工程有限公司
中交第三航务工程局有限公司
长江航道局
中交广州航道局有限公司
广州港水运工程监理公司
广州南华工程管理有限公司
广州海建工程监理公司

北京小红门污水处理厂
Beijing Xiaohongmen Wastewater Treatment Plant

北京市市政工程设计研究总院
北京城市排水集团有限责任公司
北京市市政四建设工程有限责任公司

上海白龙港污水处理厂升级改造及扩建工程
Shanghai Bailonggang Wastewater Treatment Plant Upgrade and Extending Project

上海白龙港污水处理有限公司
上海市第七建筑有限公司
中国核工业华兴建设有限公司
上海市市政工程设计研究总院
北京市市政工程设计研究总院
上海宏波工程咨询管理有限公司
上海市第一市政工程有限公司
上海市政工程勘察设计有限公司

北京奥林匹克公园中心区市政配套工程
Beijing Olympic Park Central District Municipal Conveyance Project

北京市市政工程设计研究总院
北京市公联公路联络线有限责任公司
北京新奥集团有限公司
北京城市排水集团有限责任公司
北京市政建设集团有限责任公司
北京城建道桥建设集团有限公司
北京市公路桥梁建设集团有限公司
北京市市政一建设工程有限责任公司
上海市隧道工程轨道交通设计研究院
中铁二局股份有限公司
成都中铁隆工程有限公司

珠海格力广场住宅小区一期A区
Zhuhai Gree City Residential District (Area A of 1st Phase)

珠海格力房产有限公司
珠海市建筑设计院
珠海市建安集团公司
中建三局第一建设工程有限责任公司
南通四建集团有限公司
中国建筑第五工程局有限公司
广东省广弘华侨建设投资集团有限公司
广东大潮建筑装饰工程有限公司
深圳市晶宫设计装饰工程有限公司
汕头市建安实业（集团）有限公司

中国土木工程詹天佑奖简介
Introduction of Tien-Yow Jeme Civil Engineering Prize

一、为贯彻国家科技创新战略，提高工程建设水平，促进先进科技成果应用于工程实践，创造出优秀的土木建筑工程，特设立中国土木工程詹天佑奖。本奖项旨在奖励和表彰我国在科技创新和科技应用方面成绩显著的优秀土木工程建设项目。本奖项评选要充分体现"创新性"（获奖工程在规划、勘察、设计、施工及管理等技术方面应有显著的创造性和较高的科技含量）、"先进性"（反映当今我国同类工程中的最高水平）、"权威性"（学会与政府主管部门之间协同推荐与遴选）。

本奖项是我国土木工程界面向工程项目的最高荣誉奖，由中国土木工程学会和詹天佑土木工程科技发展基金会颁发，在住房和城乡建设部、铁道部、交通运输部及水利部等建设主管部门的支持与指导下进行。

本奖自第三届开始每年评选一次，每次评选综合大奖20项左右。

二、本项工程大奖隶属于"詹天佑土木工程科学技术奖"（2000年3月经国家科技奖励工作办公室首批核准，国科准字001号文），住房和城乡建设部认定为建设系统的三个主要评比奖励项目（建办38号文）（证书附后）之一。

三、本奖评选范围包括下列各类工程：
1. 建筑工程（含高层建筑、大跨度公共建筑、工业建筑、住宅小区工程等）；
2. 桥梁工程（含公路、铁路及城市桥梁）；
3. 隧道及地下工程、岩土工程；
4. 公路及场道工程；
5. 铁路工程；
6. 港口及海洋工程；
7. 市政工程（含给水排水、燃气热力工程）；
8. 水利、水电工程；

科技部颁发奖项证书
Certificates awarded by Ministry of Science and Technology

获奖代表领奖
Representatives receive awards

评审会议
The meeting of evaluation and censor

9. 特种工程（含防护工程、核工程、航空航天工程、塔桅工程、管道工程等）。

申报本奖项的单位必须是中国土木工程学会的团体会员。申报本奖项的工程需具备下列条件：

1. 必须在规划、勘察、设计、施工及管理等方面有所创新和突破（尤其是自主创新），整体水平达到国内同类工程领先水平；

2. 必须突出体现应用先进的科学技术成果，有较高的科技含量，具有一定的规模和代表性；

3. 必须贯彻执行节能、节地、节水、节材以及环境保护等可持续发展方针，在技术方面有所创新或形成成套技术；

4. 工程质量必须达到优质；

5. 必须通过竣工验收。对建筑、市政等实行一次性竣工验收的工程，必须是已经完成竣工验收并经过一年以上使用核验的工程；对铁路、公路、港口、水利等实行"交工验收或初验"与"正式竣工验收"两阶段验收的工程，必须是已经完成竣工验收的工程。

四、根据本奖的评选工程范围和标准，由学会各级组织、建设主管部门提名参选工程；根据上述提名，经詹天佑奖评委会进行遴选，提出候选工程；由候选工程的建设总负责单位填报"詹天佑奖申报表"和有关申报材料；最后由詹天佑奖指导委员会和评审委员会审定。詹天佑奖的评审由"詹天佑奖评选委员会"组织进行。评选委员会由各专业的土木工程专家组成。

詹天佑奖指导委员会负责工程评选的指导和监督。指导委员会由住房和城乡建设部、铁道部、交通运输部等有关部门领导组成（名单附后）。

五、在评奖年度组织召开颁奖大会，对获奖工程的主要参建单位授予"詹天佑"奖杯、奖牌和荣誉证书，并统一组织在相关媒体上进行获奖工程展示。

住房和城乡建设部、铁道部、交通运输部、水利部、中国科协等部委领导与获奖代表合影
The group photo of the Awarded Representatives and the Officers of the Ministry of Housing and Urban-Rural Development, Ministry of Railways, Ministry of Transport, Ministry of Water Resources, China Association for Science and Technology, etc.

名单 指导委员会

詹天佑奖指导委员会组成名单
(2002年12月)

谭庆琏　中国土木工程学会理事长、建设部原副部长
蔡庆华　中国土木工程学会副理事长、铁道部副部长
胡希捷　中国土木工程学会副理事长、交通部副部长
许溶烈　中国土木工程学会顾问、建设部原总工程师
徐培福　中国土木工程学会副理事长、建设部科技委常务副主任
王铁宏　建设部总工程师
王麟书　铁道部总工程师
凤懋润　交通部总工程师
张　雁　中国土木工程学会秘书长
刘正光　香港工程师学会主席、香港特别行政区土木工程署前署长

科学技术奖证书

中华人民共和国
社会力量设立科学技术奖登记证书

登记证书编号：　国科奖社证字第 0014 号

奖项名称：	詹天佑土木工程科学技术奖	承办机构：	北京詹天佑土木工程科学技术发展基金会
设奖者：	中国土木工程学会	承办机构法定代表人：	张雁
奖励范围：	奖励全国具有创新性和较高科技含量的工程项目及完成主要工程的主要单位。	承办机构地址：	北京市百万庄建设部内

根据《国家科学技术奖励条例》规定，准予该奖项进行评奖活动。

有效期自　2008 年 05 月 08 日至　2011 年 05 月 08 日

发证机关：　国家科学技术奖励工作办公室　　　　中华人民共和国科学技术部

2008 年 05 月 08 日　　　　　　　　　　　　　2008 年 05 月 08 日

上海环球金融中心
Shanghai World Financial Center

一、工程概况

上海环球金融中心位于上海市浦东金融贸易区，建筑面积381600m^2，建筑高度492m，建成时是国内最高的建筑。地下3层，地上101层，是以办公为主，集会议、酒店、观光等设施于一体的超高层智能化建筑。工程总投资52亿元，于2004年11月15日开工建设，2008年6月19日完成竣工验收。

本工程采用桩筏基础，地基稳定，主体结构安全。在工程主体结构中，内筒采用钢骨劲性混凝土结构，外筒是由巨型柱、巨型斜撑和带状桁架组成的三维巨型框架结构。外墙采用石材和单元式玻璃幕墙，室内地面采用OA地板（一种新型建筑材料）和石材地面，墙面采用涂料和石材饰面。完备的通风空调系统、具有五级保障功能的变配电系统、功能先进且齐备的楼宇自控系统、给水排水和消防系统，以及91部高速电梯（直梯）等最新的技术和装备，构筑了这幢安全、快捷、舒适、人性化的摩天大厦。

二、科技创新与新技术应用

上海环球金融中心设计先进，施工技术一流，从技术创新、工程质量、安全、工期、施工管理等方面均产生了良好的社会效益和经济效益。

1. 在设计、施工新技术应用上取得丰硕成果，其中设计9项，总承包管理5项，土建22项，机电安装12项。研发并应用了"高强度混凝土超高泵送技术"、"超高层复杂体系巨型钢结构安装成套技术"、"超高层垂吊电缆敷设成套技术"、"预制组合立管成套技术"、"超高层建筑超大面积玻璃幕墙技术"等，为超高层建筑的设计和建造取得了多项创新成果。

2. 本项目获得38项专利、8项国家和省部级工法、1项国家技术规程，公开出版5部论著，在国内外核心期刊发表论文30多篇，权威专家对《上海环球金融中心超高层复杂体系巨型钢结构安装成套技术》等4项核心技术和《上海环球金融中心建造关键技术研究与应用》1项综合成果进行了鉴定，成果总体达到国际领先水平。

三、获奖情况

1. 2009年"第六届全国优秀建筑结构设计"一等奖；
2. 2008年度上海市建设工程"白玉兰"奖；
3. 2008年"中国建筑钢结构金奖"；
4. 2008年获得世界高层建筑与城市住宅委员会颁发的"世界最高建筑屋顶高度(487m)"、"世界最高使用楼层(474m)"、"2008年亚太地区最佳高层建筑"、"2008年全球最佳高层建筑"。

四、获奖单位

中国建筑股份有限公司
中建三局建设工程股份有限公司
上海建工（集团）总公司
中建国际建设有限公司
中国建筑第二工程局有限公司
中建钢构有限公司
中建一局集团建设发展有限公司
中建三局第一建设工程有限责任公司
上海市第一建筑有限公司
上海市安装工程有限公司
中国建筑第八工程局有限公司

东立面　East elevation

北立面　North elevation

夕阳下的上海环球金融中心　Shanghai World Financial Center in the sunset

上海环球金融中心

上海环球金融中心日景　Day scene of Shanghai World Financial Center

第十届中国土木工程詹天佑奖获奖工程集锦

97层观光天桥　Sky walk at 97 floor

100层观光天阁　Observation deck at 100 floor

上海环球金融中心夜景　Night scene of Shanghai World Financial Center

主楼基坑支护　Tower foundation ditch shoring

液压爬模系统　Hydraulic pressure climbing mold system

上海世博会中国馆工程
China Pavilion of World EXPO 2010 Shanghai

中国馆夜景　Nightscape of China Pavilion

一、工程概况

上海世博会中国馆工程主要由中国国家馆和中国地区馆组成。国家馆居中升起、层叠出挑，成为凝聚中国元素、象征中国精神的雕塑感造型主体——东方之冠；地区馆水平展开，以舒展的平台基座的形态映衬国家馆，成为开放、柔性、亲民、层次丰富的城市广场；二者共同组成表达盛世大国主题的统一整体。国家馆、地区馆功能上下分区，造型主从配合，空间以南北向主轴统领，形成壮观的城市空间序列，形成独一无二的标志性建筑群体。

国家馆地上6层（核心筒14层），总建筑面积46457m^2，内部划分：33m、41m、49m为展区，60m为国宾、贵宾室、厨房、茶餐厅等，65m为设备机房层。地区馆地下一层，地上一层（局部有夹层），总建筑面积113669 m^2，分为B1、B2、B3三个区域，地下为设备机房层和停车库；B1区一层为展区，一层夹层为设备机房层；B2区一层至三层为贵宾室、多功能厅、会议室、办公室等；B3区一层至二层为办公室、会议室。工程总投资21.17亿元，于2008年1月开工建设，2009年11月完成，2010年6月竣工验收。

二、科技创新与新技术应用

1. 中国馆位置邻近已运行的地铁M8线，为确保基坑、地铁运行安全，对5万m^2复杂深基坑采取有效的基坑支护及边坡防护技术，合理控制开挖顺序及进度。这种深大基坑高效施工技术达到国际先进水平。

2. 中国馆上部结构为框剪混凝土结构结合悬挑钢桁架体系，用四个18.6m×18.6m框剪混凝土核心筒支承整个上部斗栱型钢结构，层叠外挑，造型新颖，保证展区使用空间，节约土地资源。

3. 中国馆设置了雨水收集系统，将雨水用于路面冲刷、绿化灌溉等日常需要。

三、获奖情况

2010年度上海市建设工程"白玉兰"奖。

四、获奖单位

上海建工（集团）总公司
上海市第四建筑有限公司
华南理工大学建筑设计研究院
上海建筑设计研究院有限公司
上海市机械施工有限公司
上海市安装工程有限公司

中国馆全景(1)　　General view of China Pavilion (1)

第十届中国土木工程詹天佑奖获奖工程集锦

中国馆全景(2)　General view of China Pavilion (2)

中国馆屋面太阳能利用　The using of solar energy in the roof of China Pavilion

斜撑处劲性梁柱节点　The beam-column stiffness node in the root of sway brace

中国馆中央控制中心　The control center of China Pavilion

中国馆消防系统　The using of fire extinguisher system in China Pavilion

基坑分区施工　The foundation ditch's construction is divided five pieces

底板分区浇捣混凝土　The construction of the concrete bottom plate

上海世博会世博轴及地下综合体工程

Expo-axis of World EXPO 2010 Shanghai

一、工程概况

世博轴及地下综合体工程（简称"世博轴"）地下、地上各两层，南北长1045m，东西宽：地下为99.5~110.5m，地上为80m。由-6.8m、-1.08m、4.42m、10.40m标高的结构平面及膜结构顶、阳光谷组成，膜结构檐口至地面高度12.5~30.5m，基地面积130699m²，总建筑面积251144m²。工程总投资38.2亿元，于2006年12月开工建设，2010年4月完成，2010年6月竣工验收。

世博轴工程采用桩筏基础。主体结构为框架剪力墙结构。工程沿长度方向设置五条诱导缝，将整个工程分为六个区。两侧设置敞开式的大坡度草坡，作为景观绿化，使地下一层直接与外界相通，达到地下室充分采光通风的作用。近900m的线形外挂板、洞口部位的弧形内挂板及其他多种形式的清水混凝土饰面在世博轴中得到了大量运用，其效果简单优美。

世博轴索膜结构主要包括膜面系统和膜面支点系统，其中屋面索膜总长约840m，最大跨度约97m，总面积约64000m²。膜结构屋盖横向柱间距为66m，纵向柱间距为44m，立柱与10m平台板结构立柱贯通，主体钢柱—支撑、横向交叉桁架—上拉索和外拉索组成支撑屋盖的刚性结构受力体系，纵向柱间则采用鱼腹式桁架和外拉索受力系统，拉索采用独立锚锭结构。

二、科技创新与新技术应用

1. 针对面积近10万m²的超长超大基坑，根据环境特点，采用分区进行围护设计的方法，充分利用永久坡的设计形式，因地制宜地采用半逆作和卸载+周边中板逆作+中心岛底板顺作的围护结构施工工艺，大大节约了工程造价，加快了施工进度。

2. 世博轴二层平台膜结构，总长840m，总展开面积6.5万m²，由一系列脊索、谷索、边索与膜构成，以向外桅杆支撑，膜结构施工具有尺度大、形状不规则、预应力水平高以及大面积张拉就位等特点。

3. 世博轴有六个阳光谷，集改善室内景观、收集雨水、引导空气等功能于一身，由三角形网格组成单层网壳，覆盖以玻璃，高42m，最大底部直径20m，最大顶部直径90m，总面积约3.15万m²，钢结构总重量3035t，其施工涉及复杂形体及矩形钢管多杆相交，解决了加工制作、节点连续、现场安装及测量定位等难题，属国内钢结构施工首创。

4. 世博轴通过地源热泵、江水源热泵系统的设置，替代了常用的热源系统，节能率分别达到61.4%和49.1%。

5. 世博轴设置了雨水收集系统，将雨水用于路面冲刷、绿化灌溉等日常需要。

三、获奖情况

2009年度上海市优质工程"白玉兰"奖。

四、获奖单位

上海建工（集团）总公司
华东建筑设计研究院有限公司

夜间北广场景观　Night scene of north square

上海市政工程设计研究总院
上海市第七建筑有限公司
上海市机械施工有限公司
上海市安装工程有限公司

Illumination of second floor in the night

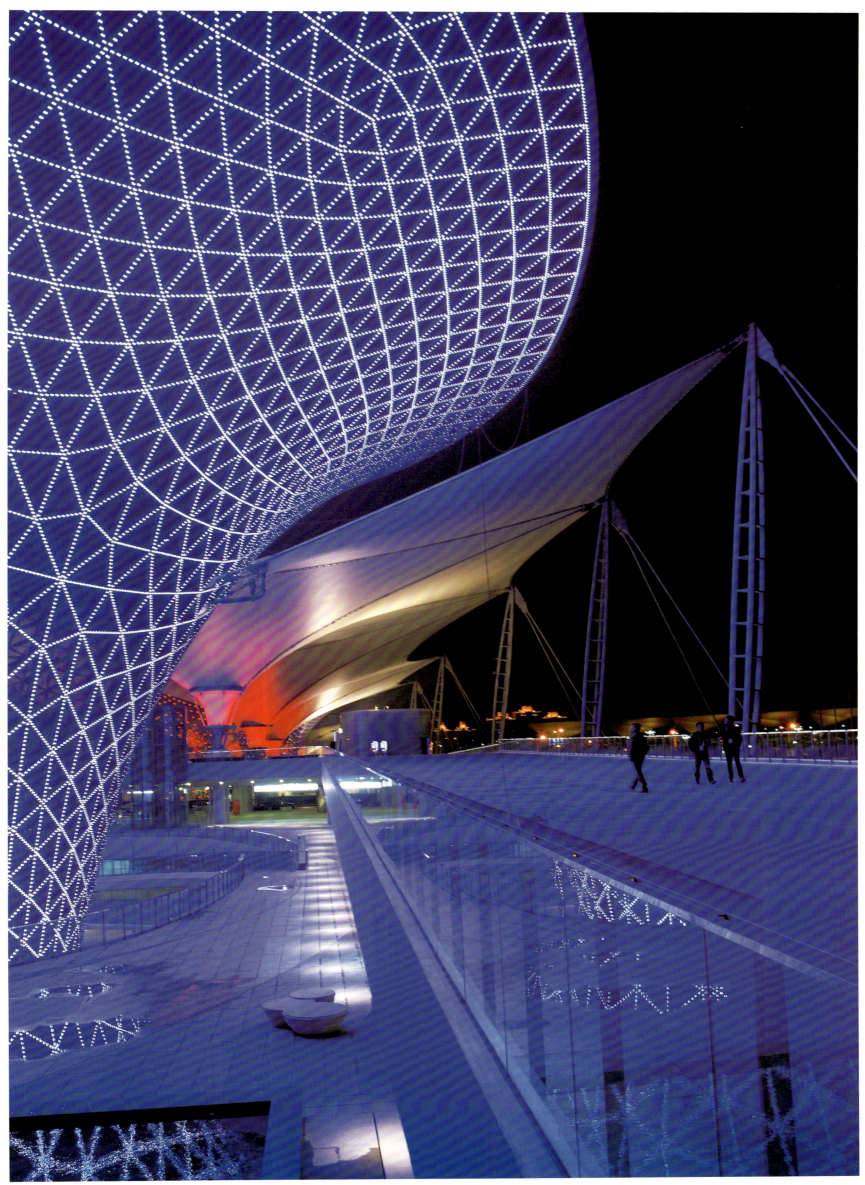

夜间二层灯光　Illumination of second floor in the night

全景　Panoramic view

阳光谷及旋转坡道　Sun valley (skylight) and spiral ramp

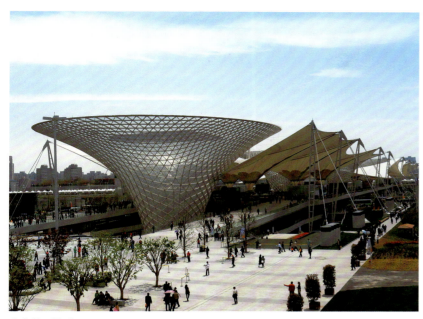
北广场　North square

局部屋顶　Partial roof

夜间侧面草坪景观　Landscape of side grassplot in the night

上海世博会主题馆
China Theme of World EXPO 2010 Shanghai

一、工程概况

上海世博会主题馆总占地面积11.45万m^2，东西总长约290m，南北总宽约190m，总建筑面积142662m^2，地上二层建筑面积约为9.0万m^2，地下二层建筑面积约为5.3万m^2，是亚洲第一大跨度、大空间的展览建筑。另主题馆北侧有一地下建筑，设地下二层，与主题馆同期建设。

世博会期间，主题馆一号、二号和三号展厅将分别实施"地球·城市·人"的主题展示，演绎上海世博会"城市，让生活更美好"的主题。世博会后，各个展厅可举办各类专业展会，突显其作为大型展览建筑的多功能特质。

主题馆的造型围绕"里弄"、"城市屋面"肌理的构思，运用"折纸"的手法，形成了二维平面到三维空间的立体建构。借鉴中国古建"出檐深远"的特点，为世博会大量参观人流提供休憩场所。

工程总投资21.68亿元，于2007年11月开工建设，2009年9月完成，2010年6月竣工验收。

二、科技创新与新技术应用

1. 主题馆屋面长约290m，宽约190m，总面积达6万m^2，实现了光伏建筑一体化，屋面造型结合水平向太阳能板和折板式屋面的特点，年发电量可达到284万kW·h，是目前世界上最大的光伏建筑。

2. 主题馆基坑为280m×180m，开挖总面积近5万m^2，采用两级放坡加深层搅拌重力坝体系的无支撑围护方案，缩短了施工周期，降低施工成本约20%。为避免基坑暴露面积过大、时间过长，在"由南向北，二次分层"控制的大前提下，将底板划分为23个分块。先进行基坑内

全景(1)　Panoramic view (1)

侧分块挖土，逐步由南向北推进，待中部底板混凝土施工完成，再由南向北，对称地进行两侧分块土方的挖土施工。结构施工阶段各分块施工的内容相对独立，互不干扰，可独立安排相关施工内容，使得后续钢结构施工可提前介入，同时由于各分块间满足由南向北的总体阶梯式施工，也就满足了今后各专业工程由南向北的连续性施工。

3. 东区钢结构屋盖滑移安装施工

本工程采用"跨端组装，累积滑移"的钢结构安装方案，既解决了大型起重机无法直接上地下室顶板进行吊装的难题，又保证了2008年年底主题馆钢结构封顶的重要节点目标，也为地下室的结构、机电安装施工创造了条件，对工程整体进度起到了较大的促进作用。

4. 西区钢结构屋盖拉索安装施工

西馆屋面大跨双索张弦桁架拉索施工对本工程张弦桁架施工遇到的各榀桁架依次张拉，双索同步张拉、折线形索各索段索力均匀性、索力监测等关键问题进行了研究分析，直接指导施工，取得了预期的效果。

三、获奖情况

2009年度上海市优质工程"白玉兰"奖。

四、获奖单位

上海市第二建筑有限公司
上海世博（集团）有限公司
同济大学建筑设计研究院（集团）有限公司
上海建浩工程顾问有限公司

夜幕下的世博会主题馆　China Theme of World EXPO enveloped in a curtain of darkness

全景(2)　Panoramic view (2)

夜间北广场景观　Night scene of north square

全景(3)　Panoramic view (3)

Metal lath ceiling of atrium entrance

独具一格的北侧正门　North front door with a unique style

中庭的自然光主要依靠半透太阳能组件板+屋面透明玻璃顶棚+漫反射遮阳膜形成均匀的自然光
Natural light in the atrium is even and gentle when being reflected

下沉式广场跌水一景　An ornamental waterfall on sunken square

全景(4)　Panoramic view (4)

上海世博会世博中心

Expo Center of World EXPO 2010 Shanghai

一、工程概况

世博中心是世博会永久保留建筑，位于世博会园区浦东核心地块沿江位置，规划用地面积约为6.65hm²，总建筑面积约14.2万m²，地上7层，地下1层，建筑高度约为40m。在世博会期间，作为运营指挥中心、庆典会议中心、新闻中心、论坛活动中心；世博会后将成为亚太地区召开高规格国际性会议以及国内举行重要论坛和会议的场所，可提供国际一流的会议和服务设施。世博中心其建筑、结构、机电等多方面的主要技术经济指标都达到了国际、国内的先进水平，在保护不可再生资源、集约利用能源、建立循环经济模式、创造可持续的人居模式等方面都受到了高度的重视。

针对世博中心功能复杂，结构体系具有大空间、大跨度的特点，综合采用大落差深基坑支护、超长结构裂缝控制、大跨度钢结构整体提升工艺以及绿色建筑配套系统技术等的成功探索和应用，为大型公共场馆建设铺就了一条既可行、又有效的"绿色"之路。申请专利5项，其中发明专利2项，实用新型专利3项，公开发表了5篇专业论文。项目总体达到国际先进水平，部分关键技术达到国际领先水平。

世博中心总能耗低于国家节能标准规定值的80%，建筑节能率为62.8%，非传统水资源利用率为61.3%，可再循环建筑材料用料比为28.9%。世博中心每年节约的能耗相当于2160t标准煤（相当于节约了上海1万多户居民一年的总用电量），年减少二氧化碳排放5600t，年节约自来水16万t（相当于上海1000多户居民一年的用水量）。在该工程中大量采用环保节能技术及可再生能（资）源利用技术，不仅可以有效提高建筑的可再生能源利用率，降低整个建筑的运行成本，同时改善了整个建筑的外观以及室内外环境，实现了经济、环境、社会效益的和谐统一。

工程于2007年6月开工建设，2009年12月完成，2010年5月竣工验收，工程总投资22亿元。

二、科技创新与新技术应用

1. 针对面积近4.2万m²的超大面积深基坑内地下障碍物较多并且存在多坑套叠的施工现状，根据基坑的深度及环境特点，分别采用型钢水泥土搅拌墙、钢筋混凝土水平桁架支撑系统、钢管斜抛撑支撑系统、基坑内周边钻孔灌注桩挡土、周边底板拉锚等支撑形式，保证了基坑安全，加快了工程施工进度。

2. 针对本工程地下超长混凝土结构的施工，为避免有害裂缝的产生，采取了设置后浇带、施工缝的混凝土结构分块技术，低收缩低热混凝土配合比技术、抗裂钢筋配置、混凝土养护技术等综合性的技术

傍晚南立面全景　Panoramic view of south elevation of the evening

措施来抵抗由于温差引起的温度应力和增加结构的抗裂度，以减少裂缝。

3. 针对本工程钢结构桁架跨度大、单榀重量超重、安装高度高、桁架构件截面高而窄、侧向刚度差的情况，采取在片状式大跨度钢桁架的顶面设置装拆式水平桁架加固，以此增大桁架的侧向惯性距，解决了单榀桁架整体提升平面外失稳的问题。

4. 本工程的施工过程中采用了新型幕墙系统、防屈曲耗能支撑构

件、装饰装修用新型环保材料、新能源利用与水资源回收利用新技术等大量的节能环保的新技术、新工艺、新设备与新材料，着力将世博中心打造成一座科技含量高、环保节能效果突出的绿色建筑。

三、获奖情况

1. 2008年度上海市优质结构工程；
2. 2009年度中国建筑钢结构金奖；
3. 2010年度上海市建设工程"白玉兰"奖（市优质工程）。

四、获奖单位

上海市第七建筑有限公司

上海世博（集团）有限公司

华东建筑设计研究院有限公司

上海建科建设监理咨询有限公司

南侧远距离全景　South side of long-distace panoram

北立面远距离全景　North elevation of long-distance panoram

中庭大堂　Atrium lobby

第十届中国土木工程詹天佑奖获奖工程集锦

2600人大会堂观众席　Auditorium with 2600 seats

升降舞台　Lifting platform

下沉式屋顶花园　Sunken roof garden

地下室底板施工　Construction of the basement bottom

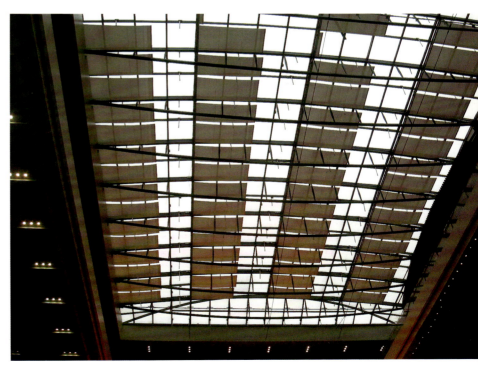

采光天棚　Light canopy

上海世博会世博文化中心
Culture Center of World EXPO 2010 Shanghai

世博文化中心全景(1)　The whole view of the World EXPO Culture Center (1)

一、工程概况

上海世博会世博文化中心位于世博园核心滨江区，为世博会永久性场馆之一，在世博会期间承担各类大型演出和活动，满足世博会大型文艺演出需求。文化中心以"飞碟"状的穿梭腾飞的形态作为建筑的主体，呈飘浮状地坐落于草坡基座上，轻盈灵动，简洁大气。地面一层基座以大面积草坡覆盖为主，体现与滨江绿带共生的肌理。文化中心用地面积67242.6m²，总建筑面积140277m²，其中地上为单层18000座的多功能剧场及环绕主场馆的周边六层建筑，建筑面积为88273m²，地下建筑为两层，建筑面积为52004m²。

本工程地上建筑物结构体系主要由三部分组成：①碟形主体，由E、F、G轴钢管混凝土斜框架柱支承径向大跨悬臂钢桁架；②裙房，框架结构，与主体结构在6.500m标高以防震缝为界；③碟形屋面，标高24.000～41.300m的空间桁架及大跨钢梁。结构总用钢量约3.7万t。大跨度悬臂钢桁架构成了建筑上独特的飘逸造型，其最大悬臂距离达41m。

工程于2008年2月开工建设，2010年3月完成，2010年5月竣工验收，工程总投资23.3亿元。

二、科技创新与新技术应用

为保证世博会的顺利进行，从2008年2月12日正式开工到工程竣工，历时仅为777天。面对紧张的工期和复杂的施工条件，通过技术创新，解决了近三分之一场地为回填黄浦江区域，地质条件差，障碍物众多，且受潮汐荷载影响条件下的大型基坑施工难题。结合本工程主体结构主要集中在中心区域的结构特点，支撑系统最终选用了环形支撑，使支撑完全避开了主体钢结构，为大吨位钢结构吊装机械创造了良好的施工条件，并首次采用底板环梁换撑技术，整体施工速度大大加快。在巨型斜钢管柱内填芯混凝土的施工过程中，通过改进混凝土性能，优化钢管柱构造，确保了自密实混凝土的密实性以及混凝土与钢管柱之间的粘结性，并形成了标准化的施工工艺。应用CAD、CAM、三维空间定位和计算机模拟仿真技术，成功地解决了大跨度、大悬挑碟形钢结构的制作及安装难题。采用先进的空间测量定位系统和误差调整系统，结合定加工可移动悬挂式脚手体系，完成了由直立锁边及23496块三角形蜂窝铝合金面板所组成的碟形空间曲面幕墙的精确安装。

三、获奖情况

2010年度上海市建设工程"白玉兰"奖。

四、获奖单位

上海市第四建筑有限公司
华东建筑设计研究院有限公司
上海市机械施工有限公司
上海市安装工程有限公司
北京江河幕墙股份有限公司

上海世博会世博文化中心

世博文化中心夜景　The night scene of the World EXPO Culture Center

施工完成后的世博文化中心　The constructed shape of the World EXPO Culture Center

世博文化中心室内　The inside view of the World EXPO Culture Center

上海世博会世博文化中心

世博文化中心全景(2)　The whole view of the World EXPO Culture Center (2)

世博文化中心全景(3)　The whole view of the World EXPO Culture Center (3)

主体结构施工中　Constructing of the major structure

屋盖　The longspan steel-roof

地下室施工　Construction of the basement

53

上海光源（SSRF）国家重大科学工程
Shanghai Synchrotron Radiation Factility

外立面航拍实景　Aerial virtual appearance

一、工程概况

上海光源工程位于上海浦东张江高科技园区内，用地范围近20万m^2，一期建筑面积5.34万m^2，包括主体建筑、综合实验楼、综合办公楼等，以及相关工艺设备所需的35kV变电站、动力设备用房等。其中主体建筑面积3.59万m^2，投影平面呈圆环形，环内直径117m，环外直径211m。屋顶最高点标高19.200m，内檐口标高17.000m，环外边支承于地面，呈螺旋形上升之势，由100MeV直线加速器、3.5GeV增强器、3.5GeV储存环、光束线实验大厅和外围实验室组成。工程总投资4.76亿元，于2004年12月25日开工建设，2009年4月29日完成竣工验收。

上海光源工程是中国最大的科学实验装置，它产生的同步辐射光源是由在超高真空环境中以接近光速运动的电子在改变运动方向时释放出的电磁波，可用于物理学、化学、生命科学、材料科学、环境科学、信息科学等众多的高科技领域。同步辐射装置作为高水平的大型公共实验平台，涉及的学科很广，影响很大。建成后的上海光源能量居世界第四，可同时供近百个实验站使用，同时进行基础科学研究、应用基础研究和高新技术的开发应用研究。

二、科技创新与新技术应用

1．在同步辐射装置基础微变形和微振动控制技术方面：提出了减少桩基变形的技术措施和改进桩基变形的计算方法相结合的变形控制技术，提出了低荷载水平作用下考虑承台刚度影响的桩基变形计算方法，提出了振源采用常时微动与有组织的车辆运行两种振源相结合的方式进行振动测试的方法。

2．在混凝土结构裂缝控制方面：提出控制缝的合理设计方法，满足了屏蔽辐射防护标准的要求。

3．在恒温控制综合技术方面：通过采用数值模拟分析，调整空调参数，大温差、高精度空气送风，满足了高负荷密度隧道空调系统中空气温度高稳定的要求。

4．在配电系统谐波综合治理方面：建立了配电系统中各谐波源的谐波仿真模型，提出了综合治理方案。

三、获奖情况

1．"上海光源工程大跨度异型建筑与结构设计施工综合技术研究"获得2009年上海市科学技术奖二等奖；

2．2009年度中国建设工程鲁班奖；

3．2007年度上海市建设工程"白玉兰"奖；

4．新中国成立六十周年百项经典暨精品工程。

四、获奖单位

中国科学院上海应用物理研究所
上海建筑设计研究院有限公司
上海市第七建筑有限公司
上海建科建设监理咨询有限公司

上海光源（SSRF）国家
重大科学工程

外立面实景　Virtual facade

屋面施工过程中　Roof construction process

广东科学中心
Guangdong Science Center

全景图(1)　Panoram (1)

一、工程概况

广东科学中心位于广州大学城小谷围岛西部，占地面积45万m²，建筑面积13.75万m²，于2004年3月28日开工，2008年9月23日竣工，工程总投资18.8亿元。

广东科学中心主楼建筑造型以广州的市花——木棉花和神舟号飞船为主要特色，形如航空母舰。主楼最大建筑高度60m，分为A、B、C、D、E、F、G七个区，其中A区地下1层，地上3~6层，B~F区地上3层，G区地下1层，地上3层。A、B区（公共部分）为一个整体，主体结构为现浇预应力钢筋混凝土框架—剪力墙结构，上部的钢网壳屋盖为H区；C、D、E、F区（常设展厅部分）均为独立的结构体系，主体结构为巨型钢框架结构，由巨型格构式钢柱及巨型钢桁架组成巨型框架结构体系，屋盖采用管桁架结构；G区（影视区）主体结构为现浇钢筋混凝土框架结构（大跨度梁为预应力梁），局部采用钢骨混凝土及钢结构，球幕影院结构采用双球壳结构（混凝土球壳外包同竖向轴心的钢球壳）。基础采用钻孔灌注桩。

二、科技创新与新技术应用

广东科学中心是世界上较大规模的现代综合性科普教育场馆之一，建筑形式新颖，结构复杂，设计单元分区明确，具有以下突出创新点：

1. 设计功能分区明确，凸显现代科技馆教育特征。
2. 结构柱下设局部隔震层，采用夹层橡胶隔震支座加铅芯橡胶复合阻尼支座，解决巨型大跨度钢结构的抗震抗风问题。
3. "吹砂填淤、动静结合、分区处理、少击多遍、逐级加能、双向排水"的饱和软土地基动力排水固结预处理技术的开发应用。
4. 利用数字化解决巨型复杂钢框架复杂节点成型并对整体结构实施健康监测。
5. 综合利用电机一体化、视频互动、混合虚拟体验等技术，取得数字网络声像智能控制与科学管理系统等多项创新成果。

三、获奖情况

1. "广东科学中心建设与管理的创新实践"获得2009年度广东省科学技术奖特等奖；
2. "广东科学中心饱和软土地基处理技术研究与应用"获得2007年度广东省科学技术奖二等奖；
3. 获得2009年度全国优秀工程勘察设计行业奖建筑工程一等奖、建筑环境与设备专业二等奖、建筑结构专业三等奖；
4. 2010年获得第二届广东省土木工程詹天佑故乡杯奖（排名第一）。

四、获奖单位

广东省建筑工程集团有限公司
中南建筑设计院股份有限公司
广东科学中心

广东省建筑科学研究院
浙江东南网架股份有限公司
广东省基础工程公司
广东省第四建筑工程公司
广州珠江工程建设监理公司
广东建雅室内工程设计施工有限公司
广州城建开发装饰有限公司

屋面效果　Roof effect

第十届中国土木工程詹天佑奖获奖工程集锦

全景图(2)　Panoram (2)

全景图(3)　Panoram (3)

广东科学中心

球幕结构　Dome structure

主楼一角　Main corner

北京银泰中心
Beijing Yintai Center

北京银泰中心全景照片(1) Overall view of Beijing Yintai Center (1)

一、工程概况

北京银泰中心位于北京市东三环国贸桥西南角,地处中央商务区核心地带,是集酒店、公寓、写字楼为一体的现代化超高层建筑群。建筑群占地面积3.13万m²,东西向长218.2m,南北向宽99m,总建筑面积约35万m²。地下共4层,单层建筑面积约2.2万m²,地上由"品"字形布置的三栋塔楼和裙楼组成。裙楼为5层混凝土结构商业用房;北塔楼为超五星级酒店及高级公寓,共63层,建筑高度249.9m,为全钢结构的塔楼建筑,是当时北京地区最高的建筑;东、西塔楼均为写字楼,共43层,建筑高度186m,为钢筋混凝土结构,是北京地区当时最高的钢筋混凝土建筑。本工程钢结构总用钢量达到3.2万t,塔楼基础埋深22.95m,裙楼基础埋深20.65m。

本工程基础为桩筏基础,基础桩采用桩侧、桩底后压浆技术,桩径1100mm,桩长为30m,单桩承载力达到2400t。工程于2003年5月4日开工建设,2009年3月5日完成竣工验收,工程总投资45.7亿元。

二、科技创新与新技术应用

1. 建筑简洁大方、适用美观,清晰地矗立在长安街延长线上,成为北京中央商务区的地标建筑之一。"中心"设置统一的入口大堂和内部交通,成效显著,缓解了中央商务区的交通压力。

2. 北塔楼为国内最高的全钢结构。抗风、抗震采用黏滞阻尼器和无粘结屈曲约束支撑阻尼器。施工中采用先进的全钢结构变形控制技术,低温100mm厚钢板焊接施工技术。

3. 东、西塔楼底部转换层采用2m×6m转换梁,梁中布置型钢与上、下柱的型钢连接,其设计施工有较大难度。施工中采用钢筋混凝土筒体与水平钢梁组合楼板分离施工新技术。

4. 轻质隔墙滑动连接及隔声技术。

5. 节能、节水新技术,变风量空调,单元体式玻璃石材混合幕墙,给水排水节能、节水、照明智能控制。

6. 施工及使用阶段的项目信息化管理。

三、获奖情况

1. 《北京银泰中心超高层全钢筒中筒结构施工技术研究与应用》获得2008年度北京市科学技术奖三等奖;
2. 2005年度北京市结构长城杯金质奖;
3. 2009年度北京市建筑竣工长城杯金质奖;
4. 2005年中国建筑钢结构金奖。

四、获奖单位

北京城建集团有限责任公司
中国电子工程设计院
北京帕克国际工程咨询有限公司
北京城建四建设工程有限责任公司
北京城建亚泰建设工程有限公司
北京城建七建设工程有限责任公司
浙江精工钢结构有限公司

北京银泰中心全景照片(2)　Overall view of Beijing Yintai Center (2)

北京银泰中心全景照片(3)　Overall view of Beijing Yintai Center (3)

基础底板大体积混凝土浇筑　Technical measures for grouting large volume of concrete of foundation slab

国家图书馆二期暨国家数字图书馆工程

National Library of China Phase II & National Digital Library of China

一、工程概况

国家图书馆二期暨国家数字图书馆工程，位于北京市海淀区中关村南大街和五塔寺路交界口，现国家图书馆大楼北侧，是国家重点文化建设项目。主要建设内容：密集型藏书库、阅览室、图书加工用房、学术交流用房、珍品图书保存库和展示厅、数字图书馆大型计算机机房、数字资源存储机房等，是一座设计新颖、施工精细的智能型、节能型、环保型现代化数字图书馆。于2005年2月28日开工建设，2008年9月8日完成竣工验收，工程总投资7.2亿元。

工程建成后将使国家图书馆新增读者座位2900个，日均接待读者能力提高8000人次，可以满足未来30年的藏书量，国家图书馆馆舍面积也将随之增至25万m²，居世界第三位。同步实施的国家数字图书馆的建成将使国家图书馆成为世界上最大的中文数字资源基地、国内最先进的网络服务基地。

工程分为主楼和车库两部分，总建筑面积80538 m²，其中地下3层，建筑面积为44079 m²，地上5层，建筑面积为36459 m²，建筑总高度约为27m。工程占地面积22000 m²，按8度抗震设防，建筑物的防火等级为一级。

车库建筑面积为11000 m²，为钢筋混凝土框架剪力墙结构，南北长175m，东西宽36m，地下2层，基础埋深13.6m。

主楼建筑面积69000m²，结构形式为钢筋混凝土框架+核心筒+钢架构。主楼地下3层，地上5层，基础埋深14.3m。三层以下的钢筋混凝土结构及六个钢骨混凝土筒体结构形成基座区，东西向长120m，南北宽90m，基座顶高8.65m。主楼三层以上钢结构部分主要包括钢屋架、巨型钢桁架及托架、钢柱、钢梁及其他附件，总用钢量达到12700t，巨型钢桁架结构坐落在六个核心筒上。其主要组成构件由焊接箱形构件和热轧H型钢等组成。屋顶区钢桁架结构尺寸116m×105m，高10.04m，最重单件构件达765t。除钢屋架与巨型桁架的连接形式采用销轴连接外，其余均采用高强度螺栓和焊接的形式进行连接。

二、科技创新与新技术应用

该工程在施工过程中加强了信息化管理和控制，采用计算机模拟技术和施工信息控制技术，在主体结构施工中，采用逆作法施工，钢结构采用"地面拼装，整体提升"的施工方案，采用28个提升吊点、64台提升油缸（其中44台350t提升油缸，20台200t提升油缸）、8座控制台完成了10388t钢结构的整体提升工作，目前提升重量居世界第

国家图书馆二期工程西南全貌　Southwest elevation of National Library of China phase II

一。在工程施工中，应用了建筑业10项新技术中的29个子项，尤其是万吨钢结构整体提升，解决了多点位、大面积整体同步提升的难题，目前提升重量居世界前列。

该工程设计造型新颖，构思独特，符合节能、节地、节材、节水及环保等要求，且通过信息化技术的应用，满足了国家图书馆的数字化要求，具有较好的经济、社会和环境效益。

该项目的主要科技创新：设计创新有规划、功能布局、消防和空调系统等方面；施工技术创新有万吨钢结构整体提升施工技术、钢结构现场焊接施工技术、直接在钢板上铺贴石材的技术、首次在室内大面积应用了清水混凝土挂板技术等；项目管理创新有激励机制、信息

化管理；图书馆数字化技术方面的创新有虚拟现实服务、有线电视栏目、自助借还书系统、手持借读器服务等。

三、获奖情况

1. 2009年度中国建设工程鲁班奖；
2. 2009年度"火车头"优质工程一等奖；
3. 2008年度北京市建筑长城杯金质奖工程；
4. 2006年度北京市结构长城杯金质奖工程；
5. 2009年获"新中国成立六十周年百项经典暨精品工程"称号。

四、获奖单位

中铁建工集团有限公司
国家图书馆基建工程办公室
北京鸿厦基建工程监理有限公司
华东建筑设计研究院有限公司
浙江精工钢结构有限公司

国家图书馆二期工程东北鸟瞰　Bird view from the north-east of National Library of China phase Ⅱ

国家图书馆二期工程夜景　Night view of National Library of China phase Ⅱ

基础结构施工
Foundation construction

重达10388t的钢桁架整体提升
The synchronous integral hoisting of steel truss, the whole weight is about 10388t

钢桁架卸荷施工
Unloading construction of the great steel truss

济南奥林匹克体育中心
Jinan Olympic Sports Center

一、工程概况

济南奥林匹克体育中心位于济南市经十东路龙洞地区，是第十一届全国运动会主会场。总占地面积81hm²，总建筑面积约35万m²，包括：①体育场6万坐席，建筑面积15万m²；②体育馆1万坐席，建筑面积5.9万m²；③游泳馆4000坐席，建筑面积4.7万m²；④网球馆4000坐席，建筑面积4.1万m²。工程于2006年5月28日开工建设，2009年4月20日完成竣工验收，工程总投资27.61亿元。

规划设计上结合地形地势，西场区布置体育场，在东区以圆形体育馆为中心，游泳馆、网球馆以对称的体形环抱体育馆，从而实现了空间及体量上的双轴对称。西区的体育场，以柳叶为母题的结构单元，成组序列布置，将垂柳柔美飘逸的形态固化为建筑语言；东区的体育馆、游泳馆、网球馆，以荷花为母题，由下向上形成花瓣状层叠肌理，形成了"东荷西柳"的建筑景观。

体育场基础采用人工挖孔桩，东部三个馆采用柱下独立基础及部分筏板基础，主体为钢筋混凝土框架剪力墙结构；体育馆顶部采用索承网架穹顶，体育场、网球馆、游泳馆罩棚均采用空间管桁架钢结构。

各场馆外墙大都为玻璃幕墙和金属幕墙，局部为外墙涂料和干挂石材，金属屋面，各场馆在外观风格上相互呼应，保持整体协调；室内装修材料材质基本一致，色调各不相同，以不同色泽、风格展示出各场馆不同的主题功能。

二、科技创新与新技术应用

1. 该工程设计造型新颖、结构独特，以柳树、荷花为母题，将垂柳柔美、飘逸的形态，与荷花的层叠向上的肌理固化为建筑语言，展示了泉城济南的文化特色；双轴对称的整体庄重布局，线条柔美细腻的结构造型，突出了大气和精美之间的平衡关系；绿色建筑理念的投入及措施运用，体现了人文与自然的和谐共生、可持续发展的主流思想。

2. 积极推广应用创新技术。在体育场的建设过程中，通过采用总装分析设计方法、折板型悬挑空间桁架结构体系、大跨空间钢结构抗震分析、超长结构无缝设计及施工、使用全过程温度分析、钢结构整体稳定验算等，使用钢量在满足建筑造型和结构安全及使用功能的同时，大大低于国内同类工程指标。罩棚总用钢量仅为5125t，覆盖面积38000m²，单位面积用钢量为134.9kg，立面、平面展开面积用钢量101kg/m²。钢筋总用量12348t，按建筑面积算每平方米钢筋用量为86kg。

济南奥林匹克体育中心夜景　Night view of Jinan Olympic Sports Center

3. 积极倡导绿色建筑、绿色施工理念，开展节能环保示范工程活动，贯彻执行节能、节地、节水、节材及环境保护等可持续发展方针。工程应用了地源热泵系统、太阳能及热系统及光伏发电装置，通过立项审批获得财政部专项资金补贴，是住房和城乡建设部"可再生能源利用示范项目"。

4. 体育馆钢结构屋盖采用弦支穹顶结构,由上部单层网壳和下部弦支索杆体系构成。弦支穹顶屋盖形状为球面，跨度122m(为目前国内外跨度最大的该类结构)，矢高12.2m。在弦支穹顶顶部设2.5m高的风帽，为单层网壳，直径27.792m。整个屋盖曲面面积为12096m²，覆盖面积为11631m²。下部索杆体系为肋环型布置方式，为目前国内外首次采用。相比单层网壳稳定性得到大幅度提高；其上部结构构件轴力为单独单层网壳结构的1/3左右；且内力分布比较均匀；支座水平推力得以大幅度减小，常态荷载下可为零，减少了下部混凝土结构的造价；结构刚柔杂交，室内建筑效果好。钢材用量节省，按照投影面积计算，结构用钢量为85kg/m²。

三、获奖情况

1. 2009年度山东省建筑工程质量泰山杯奖；
2. 2008年中国建筑钢结构金奖。

四、获奖单位

济南市城市建设投资有限公司
山东营特建设项目管理有限公司
中建国际（深圳）设计顾问有限公司
中建八局第二建设有限公司
北京城建九建设工程有限公司
中国建筑第五工程局有限公司
济南四建（集团）有限责任公司
济南一建集团总公司
山东三箭建设工程股份有限公司
中国建筑技术集团有限公司
江苏沪宁钢机股份有限公司
浙江精工钢结构有限公司

体育馆、游泳馆、网球馆全景　Panoramic view of Indoor Stadium, Swimming Pool and Tennis Stadium

坐椅送风口　Air supply outlets under seat

架空板地面　Overhead panel floor

济南奥林匹克体育中心

体育场全景　Panoramic view of Main Stadium

中心区平台全景　Panoramic view of the central platform

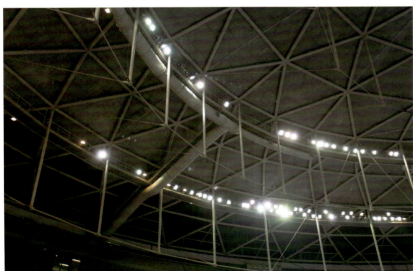

体育馆弦支穹顶钢结构　Suspen-dome structure of Indoor Stadium

拒水吸声膜墙面　Water-resisting and sound-absorbing wall

Y形钢结构柱墩　　Y-Shape columns of steel support structure

体育场钢结构罩棚　Steel structure of Main Stadium

体育场内景　Interior view of Main Stadium

陕西法门寺合十舍利塔工程

Construction of Famen Temple Buddhist Relics Tower

一、工程概况

法门寺合十舍利塔工程位于陕西省扶风县法门镇法门寺文化景区的中央，为永久供奉释迦牟尼佛真身指骨舍利、珍藏和展览地下出土文物及佛教珍贵法器而建。该工程构思奇妙、设计新颖、气势恢弘、寓意深远，是现代建筑艺术与佛教精髓理念的圆满融合，既体现了佛文化的丰富内涵，又具有时代创意，已成为陕西省旅游文化的标志性建筑。工程于2007年4月10日开工建设，2009年4月17日完成竣工验收，总投资10.39亿元。

整个建筑由合十双塔和四周环绕的裙楼所组成，总建筑面积106322m²，其中主塔面积40743m²，裙楼面积65579m²。主塔为型钢混凝土结构，地上11层，地下1层；裙楼为框架剪力墙结构，地上3层，地下1层；结构设计使用年限100年，抗震设防类别乙类，抗震设防烈度8度，耐火等级一级。

内部空间由地宫、一层化身佛殿、二层报身佛殿以及54m以上的法身佛殿（唐塔）等组成。主塔结构平面尺寸54m×54m，地下室层高14.8m，首层层高24m，二层以上层高10m。双手在54m标高处设拉接桁架及平台，平台上放35m高的唐塔，自54m标高处双手各呈36°外倾；至74m标高处两手间净距最大51.8m，从74m向上双手各呈36°内倾；至109m标高处双手间距4.8m，设拉接空间桁架；至127m标高处双手捧直径为12m的释迦牟尼珠及塔刹，总高度148m。

二、科技创新与新技术应用

1. 建筑设计把佛教建筑与现代建筑相结合。供奉佛祖舍利，双手合十的造型表达对人间和谐美好的祝福及天地合一的人文理念。

2. 型钢混凝土结构，体形特别不规则。经详细计算分析和有关实验，设计满足8度抗震设防要求。经2008年5·12汶川地震，主体结构完好。

3. 施工难度很大。采用"大倾角有轨悬空折线提升大模板"施工技术；基于仿真技术的大倾角型钢混凝土结构安装及实时控制技术（实测变形、应力并进行分析、80m标高设临时拉接桁架等）；8m厚大体积混凝土筏板防裂施工（1.3万m³）；高含钢率型钢混凝土墙柱的混凝土防裂施工技术；二氧化碳气体保护焊在高空低温环境中的应用；直径18m穹顶壳体采用聚丙烯纤维混凝土，取消了外模板。

4. 节能技术。地源热泵系统有1100个直径180mm、深度100m的井，供楼内空调及地暖系统、变频空调、智能照明之用。

正立面　Front elevation

三、获奖情况

1. 2010年度陕西省建设工程"长安杯"奖；
2. 2007年度中国建筑钢结构金奖；
3. 2009年第六届全国建筑结构一等奖（结构设计奖）。

四、获奖单位

陕西建工集团总公司

建学建筑与工程设计所有限公司

陕西省建筑科学研究院
陕西省第三建筑工程公司
陕西建工集团第五建筑工程有限公司
陕西建工集团机械施工有限公司
陕西建工集团设备安装工程有限公司

地宫通道　The passage to underground palace

西南角立面　Southwest elevation

东立面　East elevation

主塔双侧使用中空玻璃　Insulated glass installation for the main tower

老寺新塔相映生辉　Harmonious aged temple with new tower

夜景照片　Night scene of overall perspective

唐塔一层法身佛殿　Dharma temple at ground floor of Tang pagoda

一层化身佛殿　Emanation temple at ground floor

武汉琴台大剧院
Wuhan Qintai Grand Theater

一、工程概况

琴台大剧院是中国第八届艺术节的主会场，建设规模仅次于国家大剧院，位于武汉市风景秀丽的月湖和汉江之间，两面临水，地下空间设计施工难度大，建筑外形像"琴键飞奔"，似"水袖飞舞"，演绎着"高山流水遇知音"的千古传说。工程总投资15.8亿元，于2001年5月10日开工建设，2007年9月28日完成竣工验收。

琴台大剧院由1800座的大剧院、400座的多功能厅、5个排练厅、公共服务空间等组成，总建筑面积65650m²，地下1～6层不等（21m深），地上6层，结构安全等级为一级，100年结构设计使用年限。框架—剪力墙结构和106m跨大型钢结构，并采用仿真施工技术和多功能多系统的建筑智能化系统、全方位的给水排水、消防、自动化火灾报警系统等。外装修为三维清水混凝土板及单层索网式玻璃幕墙。

二、科技创新与新技术应用

1. 提出超深地下空间支护的新的设计和施工技术，首次提出了工字形连续墙，在开挖前将3.6m厚的地下支护结构先施工完（传统方法二次成型），安全性能大幅度提高，然后一次开挖到底。解决了超深地下空间在无水平支撑和高承压水情况下的重大工程技术难题。

2. 发明了高性能水泥土和新型水泥土连续墙即钻孔后注浆连续墙，突破了水泥土连续墙依靠日本技术的瓶颈。

3. 在106m跨钢结构上首创具有暗装节点、可多向调节的异型三维预制清水混凝土挂板专利，突破了35mm厚超薄板反打一次成型的施工技术禁区。挂板面积为全国最大，达38500m²。

4. 浮置板弹簧隔振器提升地坪技术，有效降低振动干扰。

5. 首次采用静载和动载各2套配重分别平衡自重和动荷载，大幅提高主舞台的升降速度并实现低噪声及低能耗，达到一个全新的舞台技术高度。

6. 可双向旋转、平移和升降四个动作同时完成的旋转升降舞台，丰富了舞台的表现能力。

7. 首次设计和建造二维运行灯光渡桥。

8. 采用冰蓄冷空调系统、计算机模拟试验结果优化设计、地板辐射采暖系统、双层真空Low-E玻璃和幕墙内保温技术、地下空间支护节能环保技术等建筑节能技术。

正立面　Front elevation

三、获奖情况

1. 2008年度湖北省科学技术奖一等奖；
2. 2008年度中国建设工程鲁班奖。

四、获奖单位

武汉建工股份有限公司
中国一冶集团有限公司
广州珠江外资建筑设计院

武汉琴台大剧院　Wuhan Qintai Grand Theater

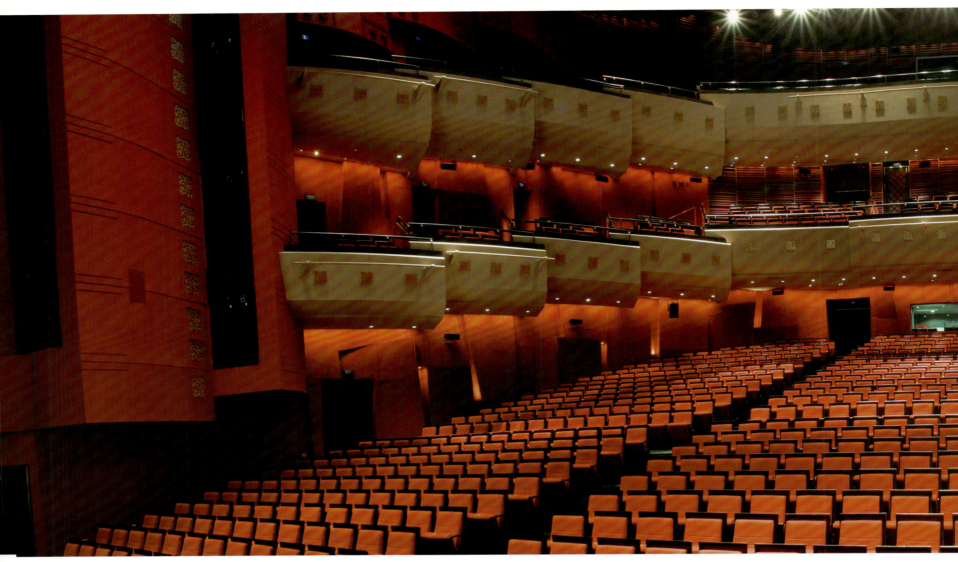

大厅实景（地板辐射采暖系统） Hall virtual (radiant floor heating system)

大面积Low－E玻璃和幕墙内保温(1) Insulation for large Low-E glass and glass wall (1)

大面积Low－E玻璃和幕墙内保温(2)　　Insulation for large Low-E glass and glass wall (2)

重庆科技馆

Chongqing Science and Technology Museum

重庆科技馆全貌　Complete picture of Chongqing Science and Technology Museum

一、工程概况

重庆科技馆位于重庆市江北城市规划的景观轴线上，是重庆市的十大社会文化事业基础设施重点工程之一，被定位为重庆市的标志性建筑之一，是面向公众的现代化、综合性、多功能大型科普教育活动场馆。

科技馆造型简约明快，弓形的侧面体现了重庆的地形特点，外立面大量采用石材与玻璃，通过对这两种材料的展现和解读，恰到好处地表达出重庆"山水之城"的特征。在建筑形式上，球形科技影院复制了地球的完美，夜幕低垂的时候，宛若明珠的它在透明的玻璃块体中绚丽夺目，使得整体建筑形象具有强烈的视觉冲击力和吸引力。

重庆科技馆总用地面积24764m²，总建筑面积40302m²，其中景观通廊广场以下部分建筑面积4441.3m²。科技馆由主楼和附楼两部分组成，在主、附楼间以景观主轴广场连接，并在其下部设置整体连通的车库和设备用房，使主、附楼有机地联系在一起，既相互独立，又相互连接。主楼为地下1层，地上4层，地上部分主要布置展厅及科技影院；附楼为地下1层，地上5层，地上部分主要布置多功能会议厅、会议室、培训及附属办公用房。

工程基础采用人工挖孔桩独立基础、扩底墩基础、条形基础等；主体结构采用钢筋混凝土框架剪力墙结构体系，球形影院外围护结构采用圆管单层网壳结构，主楼外围护结构采用格构组合钢柱与透明玻璃幕墙相结合的结构形式，主楼屋面采用空间双曲桁架结构形式，附楼屋面采用网架结构形式。

工程于2006年11月9日开工建设，2009年6月15日完成竣工验收，工程总投资2.4亿元。

二、科技创新与新技术应用

1. 建筑与环境共生的设计理念，生动地展示了重庆"山水之城"的地方特色；设计中尽量维持原有坡地特色，做到挖、填方平衡，使建筑与周边环境保持良好衔接和极佳视觉形象的同时，大大降低了工程造价。

2. 进行了人工碎卵石复合砂预拌混凝土工程应用技术研究，克服了现有长江特细砂配置混凝土自收缩大、耐久性差的缺点，解决了重庆地区混凝土原材料资源匮缺问题，可有效利用嘉陵江及长江河道淤积物、卵石和特细砂，生产成符合工程要求的碎卵石复合砂预拌混凝土，同时可以清疏河道，保护三峡库区生态平衡，降低工程造价。人工碎卵石复合砂已在全市范围内进行了推广应用，该技术被确认为重庆市科学技术成果，并已申报国家发明专利；该技术处于国内领先水平。

3. 采用计算机辅助设计、施工动态仿真等先进的结构设计和施工技术，满足了建筑造型、使用功能和安全的需求。

4. 大量采用VMS平台、冰蓄冷空调系统、高性能保温隔热材料及高效节能灯具等高新技术和节能手段，在保证重庆科技馆创造性外观形象的前提下，满足了其功能要求和节能设计标准的要求。

5. 依据性能化评估及专家论证结果进行了消防深化设计，立足于自防自救，采用先进的消防设备，在交通流线上充分考虑到人车分流，设置合理的逃生和救援路线，有效地保障了人民的生命财产安全。

三、获奖情况
2007年度"重庆市三峡杯结构优质工程奖"。

四、获奖单位
重庆建工第三建设有限责任公司
重庆市地产集团
重庆市设计院
中煤国际工程集团重庆设计研究院

夜色中的重庆科技馆　Night of the Chongqing Science and Technology Museum

A区东北面　A district northeast

东南面全貌远景　Southeast picture vision

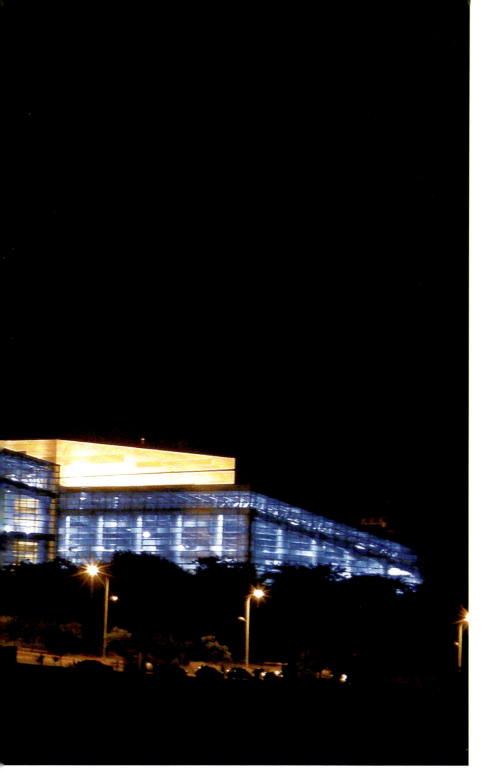

花岗石外墙　Granite wall

B区西南面　B district southwest

87

第十届中国土木工程詹天佑奖获奖工程集锦

中空低辐射玻璃幕墙　Insulating Low-E glass curtain wall

航空科技展厅　Aviation technology hall

倒三角形屋面桁架与独立柱　Inverted triangle roof truss and independent columns

高空间钢结构局部　Portion of high spatial steel structure

3D IMAX影院外观　Appearance of 3D IMAX theater

呼和浩特白塔机场新建航站楼工程

Terminal Extension Project of Hohhot Baita Airport

一、工程概况

呼和浩特白塔机场位于呼和浩特市区东面14.3km处，新建航站楼位于现有航站楼西侧，分为主楼和两边指廊，其中主楼长192m，进深65m，指廊总长552m，宽27m。总建筑面积54499.45m²。工程于2005年6月20日开工建设，2007年7月20日完成竣工验收，工程总投资4.04亿元。

新航站楼主体为钢筋混凝土预应力框架结构和钢结构，两榀拱形箱梁将屋面悬挂，构成两层无柱空间，箱梁结构最高点相对标高40m，外部围护结构4m以上为玻璃幕墙、金属复合屋面。高架桥包括360m长的混凝土道路、200m长的高架桥平台和500m长的下穿车道。主桥平直段宽26m，引桥宽12m。

新建航站楼基础结构为柱下独立基础，主体+7.2m以下为钢筋混凝土框架，+7.2m以上为钢结构，高架桥主桥为预应力混凝土连续梁，引桥为钢筋混凝土连续梁，建筑结构安全等级为一级，框架抗震等级为一级。

二、科技创新与新技术应用

该工程是内蒙古自治区的重点工程，确保了自治区60周年庆典和2008年北京奥运会备降机场的使用。该工程设计造型新颖独特，施工质量精良，成为内蒙古呼和浩特市的标志性建筑。主要创新点是：

1. 大跨度变截面空间钢拱支承的整体结构设计施工技术。
2. 预应力拉索平衡钢拱结构水平推力技术。
3. 大跨度钢结构拱梁的制作、空间精确定位及安装技术。
4. 钢筋混凝土拱脚大体积混凝土综合施工技术。
5. 玻璃幕墙工程与钢结构协调变形技术。

三、获奖情况

1. "大跨度变截面空间钢拱支撑的整体结构技术研究"获得2007年度河北省科技进步奖二等奖；
2. 2009年中国建设工程鲁班奖；
3. 2006年中国建筑钢结构金奖；
4. 2009年荣获"新中国成立60周年100项经典暨精品工程"。

四、获奖单位

河北建设集团有限公司

中国民航机场建设集团公司

浙江精工钢结构有限公司

航站楼远景 Air station building prospect

航站楼45°近景 Air station building 45 degrees close views

全景　Panoramic view

武昌火车站改扩建工程

Reconstruction and Extension Project of Wuchang Railway Station

一、工程概况

武昌火车站改扩建工程是国内最大的运营线火车站改扩建工程，工程施工的同时要保证车站的正常运营及运营安全。工程于2006年6月28日开工建设，2007年9月30日通过初步竣工验收，2007年10月18日正式投入使用，工程总投资2.67亿元。

该工程是在武昌火车站原址上进行改扩建的，按旅客最高聚集人数8000人设计，分为东站房、西站房及站场三部分。西站房为主站房，建筑面积49900m²，站房南北长258m，东西宽66m，檐口建筑高度22.8m，屋顶最大高度52.9m。站房为3层建筑（局部5层），基础形式为钻孔灌注桩+承台基础，主体结构主要为钢筋混凝土框架结构，二、三层候车大厅为大跨度空间（48m），采用钢柱头+槽型钢箱梁，这种结构形式在目前火车站站房工程中跨度最大。东站房建筑面积8222m²。站场改造工程主要包括：新建人行天桥1座；新建无柱雨棚64028m²；新建、改建3座地道；新建1座站台，加高4座站台，新建1股道，新建与改建铁道线路总长2.497km，新建与改建通信及信号、电力及牵引供电线路3.54km。整个站房设计理念以楚文化思想为主线，外立面通过提取楚台、干阑、编钟等元素，内部空间（主要为贵宾室）则通过不同主题，集中反映博大精深的楚文化。

二、科技创新与新技术应用

该工程是当前国内最大的运营线火车站改建工程，被列为铁道部运营线站房建设的样板工程。

1. 首次在路内站房设计中采用大跨度钢梁－混凝土柱（SRC）框架结构体系，成功地解决了大空间、大跨度的安全性及舒适性设计难题。站房工程中首次应用钢箱梁（共600t），采用液压提升技术进行施工。

2. 首次在铁路站房中采用20m宽的钢结构作为进站天桥。

3. 首次在路内站房空调系统中大量使用智能化节电装置和冰蓄冷空调系统。

4. 首次在路内采用了大面积桩基埋管技术，解决了场地狭窄问题，节约了用地。

5. 运行轨道下方地道施工采用了D型钢便梁支撑托换体系，确保了行车安全。

6. 运营线无柱雨棚施工创新，解决了运营线站场雨棚施工难题。

7. 站台上方屋面挑檐网架、反吊顶施工创新，把站台空间留给旅客，保证了旅客安全。

8. 首次在铁路站房采用了索网式点支玻璃幕墙施工技术，并特制了连接点过载保护器。

主站房夜景　Night view of the main station building

三、获奖情况

1. 2009年度火车头优质工程一等奖；
2. 2008年中国建筑钢结构金奖。

四、获奖单位

中铁建工集团有限公司
武汉铁路局站房工程建设指挥部
中铁第四勘察设计院集团有限公司
中铁四局集团有限公司
珠海兴业绿色建筑科技有限公司

主站房正面远景　Positive vision of the main station building

主站房北侧视角　Perspective on the north side of the main station building

站场全景　Station panorama

进站天桥　Stop flyover

站房内景　Station indoor scene

东海大桥
Donghai Bridge

一、工程概况

东海大桥是连接上海洋山深水港区和大陆的唯一通道，是我国第一座外海超长桥梁，大桥全长32.5km，标准桥宽31.5m，设计使用寿命为100年。陆上为30m箱梁，海上为60m和70m预制安装箱梁，四个通航孔为120～160m连续梁和420m双塔单索面叠合箱梁斜拉桥，岛间为海堤和332m双塔双索面叠合梁斜拉桥，基础为φ1500mm钢管桩。工程动用各类打桩船、搅拌船、大型浮吊共200多条，打下各类桩基约9000多根，浇筑混凝土约160多万m³，制作钢结构约34万t。工程具有建设条件复杂、规模巨大、一体化施工、结构耐久等特点。工程总投资71.1亿元，于2001年1月开工建设，2005年11月完成交工验收，2006年6月完成竣工验收。

大桥地处外海无遮挡海域，海况、地质条件恶劣，年可作业天数少于50%，工程风险大、难度高。最大限度地减少海上工作量、海上作业时间和施工工序，是确保工程安全、优质、快速的关键。因此，必须从设计理念、施工技术和装备等方面进行创新，形成快速、安全的一体化设计、施工等关键技术，这是东海大桥工程能胜利建成的根本保障。

二、科技创新与新技术应用

东海大桥是目前世界上最长、我国第一座外海超长桥梁，其规模巨大，地质环境复杂，施工条件恶劣。通过外海超长超大桥梁一体化设计和施工等多项具有自主知识产权的关键技术研究和实践，形成了东海大桥的定位、基础施工和整体式结构等设计理念和关键技术体系；将设计理论和建造技术等综合集成创新，形成了外海超长桥梁的整体技术支撑；针对外海恶劣的海洋环境特点，最大限度地将海上作业转化为工厂预制、整体运输、安装，减少海上作业时间和施工工序，确保了工程安全、优质、快速，以及结构耐久性和防腐要求等。

1. 外海超大型整体式箱梁预制安装技术。在国内首次提出了大型箱梁陆上预制、海上整体吊装的一体化施工创新理念。一次预制大型箱梁达70m，为国际首创。成功解决了超大、超重（2000t）箱梁整体预制、场内移运、海上运输、安装及可靠连接等技术难题。

2. 外海超长桥梁精确测量定位技术。利用地面及海洋重力、DTM数据、地球重力场模型和GPS技术，通过严密的理论分析，实现了海上30km的超长距离单向高程传递；利用GPS-RTK定位技术实现了打桩动态全自动定位。

3. 蜂窝式自浮钢套箱施工技术。运用蜂窝式钢套箱建造海上大型基础的施工技术首创了把桩基、承台施工、混凝土养护整合在一体的施工设施上。

4. 外海桥墩承台混凝土套箱施工技术。采用整体预制吊装混凝土套箱技术，有效避免了海浪对承台施工的影响，同时混凝土套箱为承台结构的一部分，在施工完成后不拆除，降低了海上施工的风险与工

全景照片(1)　Panorama (1)

程费用。

5. 海上大跨度钢—混凝土箱形结合梁斜拉桥建造技术。国际上首次在斜拉桥上采用开口钢箱与混凝土桥面板结合断面，成功解决了钢梁和混凝土桥面板连接部位的防腐蚀及大节段整体化工厂预制与现场安装等技术难题。

6. 外海浑水环境下大规模水下湿法焊接技术。首次在海上桥梁中采用水下湿法焊接工艺，解决了外海浑水环境大规模水下焊接钢管桩阳极块的技术难题。自主研制TS208型水下湿法焊材，其性能达到国际先进水平。

7. 外海大型桥梁防灾防损技术。包括：外海大跨度斜拉桥抗风性能研究与应用，桥墩基础水动力研究，桥梁综合防腐技术，专用于集装箱车道的跨海桥梁防撞护栏技术，重载、高腐蚀条件下的桥面沥青铺装技术。

三、获奖情况

1. "东海大桥(外海超长桥梁)工程关键技术与应用"获得2007年度

国家科学技术进步奖一等奖;

2. 2006年度中国建筑工程鲁班奖;

3. 2008年度国家优质工程金质奖;

4. 2005年度上海市建设工程"白玉兰"奖;

5. 上海市市政工程金奖;

6. 2008年度全国工程勘察设计行业优秀工程勘察设计行业道桥隧道、轨道交通项目一等奖;

7. 新中国成立60周年百项经典工程;

8. "海上长桥整孔箱梁运架技术及装备"获得2005年度国家科学技术进步奖二等奖;

9. "外海超长桥梁关键技术研究综合应用"、"外海高速公路海堤关键技术"、"上海东海大桥超大型跨海桥梁设计综合关键技术研究"、"东海大桥主通航孔索塔基础工程综合施工技术研究和应用"获得上海市科学技术奖一等奖;另有多项研究成果分别获得天津市科学技术进步奖、上海市科学技术进步奖。

四、获奖单位

中铁大桥局集团有限公司

上海同盛大桥建设有限公司

上海市政工程设计研究总院

中铁大桥勘测设计院有限公司

中交第三航务工程勘察设计院有限公司

上海城建（集团）公司

上海市第二市政工程有限公司

路桥集团国际建设股份有限公司

上海建工（集团）总公司

中交第一航务工程局有限公司

中交第三航务工程局有限公司

浙江省围海建设集团股份有限公司

上海巨一科技发展有限公司

中铁武汉大桥工程咨询监理有限公司

上海市市政工程管理咨询有限公司

全景照片(2)　　Panorama (2)

东海大桥颗珠山斜拉桥(1)　　The Kezhushan cable-stayed bridge of Donghai Bridge (1)

全景照片(3)　　Panorama (3)

东海大桥颗珠山斜拉桥(2)　　The Kezhushan cable-stayed bridge of Donghai Bridge (2)

海上承台施工　　Sea slab construction

非通航孔墩身吊装　Non-navigable section piers lifting and installing

主桥合龙　Closure of the main span

海上架设箱梁　Erection of the box girder

非通航孔60m箱梁架设　Erection of Non-navigable section 60m box girder

主通航孔合龙　Closure of the main navigable section

苏通长江公路大桥

Sutong Yangtze River Highway Bridge

苏通长江公路大桥全景(1) Panoramic view of Sutong Yangtze River Highway Bridge (1)

一、工程概况

苏通长江公路大桥位于长江河口地区，连接苏州、南通两市，是国家沿海高速公路的枢纽工程。工程全长32.4km，采用双向六车道高速公路标准，由南、北接线、跨江大桥三部分组成。其中，跨江大桥全长8146m，主桥采用主跨1088m的斜拉桥，是世界上首座跨径超千米的斜拉桥。主通航孔宽891m，高62m，可满足5万t集装箱货轮和4.8万t级船队的通航需要。工程总投资84亿元，于2003年6月开工建设，2008年4月完成交工验收，2010年10月通过交通运输部组织的竣工验收。

苏通长江公路大桥的建成创造了四项世界之最：最大跨径，1088m；最高桥塔，300.4m；最大基础，每个桥塔基础有131根桩，每根桩直径2.85m，长约120m；最长拉索，共272根拉索，最长拉索长达577m。

二、科技创新与新技术应用

苏通长江公路大桥是世界桥梁建设史上第一座跨径超千米的斜拉桥，建设条件复杂、技术要求高、设计和施工难度大，国内外现有规范和标准难以涵盖，没有可以借鉴的成功经验。建设中面临了水深流急、土层松软、航运密集、气候多变等不利条件挑战，经历了台风、季风和龙卷风等考验，攻克了10多项世界级的关键技术难题，取得了丰硕的技术创新成果，在长江河口地区建成了世界上跨度最大的斜拉桥。苏通长江公路大桥于2008年5月提前建成通车，实现了安全、优质、高效、创新的总体目标，创造了巨大的经济和社会效益。目前，苏通长江公路大桥已成为重要的纽带工程，为长三角地区经济发展、文化融合起着重要作用。

大桥建设过程中，通过100多项专题研究、27项省科研计划项目、交通运输部重大攻关专项和国家科技支撑计划重点工程项目的实施，研究了结构抗风、抗震、防船撞、防冲刷等技术标准，攻克了超大跨径斜拉桥结构体系等设计技术难题和深水急流中施工平台搭设、河床冲刷防护、上部结构施工控制及中跨顶推合龙等施工技术难题，形成了千米级斜拉桥与多跨长联预应力混凝土连续梁桥建设成套技术：

1. 成功开发了半漂浮结构体系、索塔锚固区钢混组合结构、减隔震支座等3项新型结构体系。

2. 研发了1770MPa斜拉索用高强钢丝等新材料。

3. 研制了长桩施工定位导向系统、多功能双桥面吊机、轻型组合式三向调位系统、超长斜拉索制作和架设成套专用设备等4套新设备。

4. 形成了深水急流环境下超长大直径钻孔灌注桩施工平台搭设、超长大直径钻孔灌注桩施工、超大型钢吊箱下放、大型群桩基础永久冲刷防护、300m索塔测量与控制、超长斜拉索制作、钢箱梁长线法拼装、上部结构施工控制、多跨长联预应力混凝土连续梁桥短线匹配法施工等9项施工新技术。

三、获奖情况

1. 2010年度国家科技进步奖一等奖；

2. 2009年度江苏省扬子杯优质工程奖；

3. 2008年度国际桥梁大会（IBC）乔治·理查德森大奖；

4. 2010年度美国土木工程师协会(ASCE)土木工程杰出成就奖；

5. 全国工程勘察设计行业建国60周年"十佳感动中国工程设计大奖";

6. "千米级斜拉桥上部结构施工及控制关键技术研究与工程示范"、"千米级斜拉桥斜拉索关键技术研究"获得江苏省科学技术奖一等奖;

7. "苏通长江公路大桥特大型深水软弱地基群桩基础施工成套技术研究"获得陕西省科技进步奖一等奖;

8. 另有多项研究成果分别获得上海市科学技术奖、江苏省科学技术奖、河北省科技进步奖、四川省科技进步奖、湖北省科技进步奖、中国公路学会特等奖。

四、获奖单位

江苏省苏通大桥建设指挥部

中交公路规划设计院有限公司

中交第二航务工程局有限公司

中交第二公路工程局有限公司

中铁大桥局集团有限公司

中铁山桥集团有限公司

武汉大通公路桥梁工程咨询监理有限责任公司

江苏法尔胜新日制铁缆索有限公司

山东省路桥集团有限公司

苏通长江公路大桥全景(2)　Panoramic view of Sutong Yangtze River Highway Bridge (2)

苏通长江公路大桥全景(3)　Panoramic view of Sutong Yangtze River Highway Bridge (3)

苏通长江公路大桥

中塔交汇　Intersection at middle pylon leg

上塔柱施工　Construction of upper pylon leg

第十届中国土木工程詹天佑奖获奖工程集锦

主桥边跨顺利合龙　Successful side span closure for main bridge

双龙戏珠　Two dragons playing with one pearl

单悬臂吊装　Single-cantilever erection

边跨大块梁段吊装　Erection of large section box girders at side span

重庆朝天门长江大桥

Chongqing Chaotianmen Yangtze River Bridge

一、工程概况

朝天门长江大桥位于重庆市朝天门港下游1.7km处(江北五里店至南岸弹子石之间),正桥是由主桥和南北引桥组成的公轨两用桥。主桥长932m,为跨径组合190m+552m+190m的三跨连续钢桁系杆拱桥,南北引桥长495m和314m,均为双层预应力混凝土连续箱梁桥。主桥宽36.5m,上桥面为6车道,下桥面为双向轻轨主梁、两侧各2车道。大桥创造了两项世界第一:一是主跨552m为当今世界已建成的跨度最大的拱桥;二是主桥中支点支座采用了145000kN的抗震球形支座,是目前为止世界同类桥型承载力最大的球形支座。全桥钢梁重4.7万t。

工程总投资20.72亿元,于2004年12月29日开工建设,2009年4月28日完成竣工验收。

二、科技创新与新技术应用

1. 提出了552m跨多肋飞燕式钢桁无推力拱结构体系。
2. 研制145000kN抗震球形支座,是世界同类桥型中承载力最大的球形支座。
3. 首次采用实际施工位置计算的精细化有限元仿真分析,对施工全过程进行非线性分析。设计对节点关键杆件进行精细化建模分析,对工程关键工序建立预判机制。
4. 首次利用地震台激励分析大桥结构动力特性、模拟地震试验和抗震性能分析;首次对公轨两用特大钢桁拱桥进行车桥耦合振动分析。
5. 首次制定了钢桁拱桥特殊构造节点疲劳试验研究方法,提出其节点疲劳破坏历程。
6. 成功研制21000kN·m国内最大拱上爬行架梁起重机;采用切线拼装取代传统的折线拼装;首次实现主拱与刚性系杆无应力合龙;采用17000kN/束钢绞线斜拉扣索单根索力张拉一次到位及均匀性控制技术。
7. 研制了钢桥超低碳贝氏体Q420qD焊接工艺、超长超大变截面构件及特大整体节点钢拱座制造工艺;开发了试拼装精度控制系统。
8. 采用岩沥青复合改性沥青,提高了钢桥面铺筑性能和质量。
9. 大跨径钢桁拱桥悬臂大吨位钢绞线扣锁安装施工、超高双层箱梁现浇装配式支架施工获得2009年度公路工程工法。
10. 中跨276m大悬臂无应力合龙中,防倾覆保稳定、结构内力及施工中桁拱体系转换、拱上起重机等是本桥建设的亮点。

研究成果对促进我国桥梁的建设技术发展具有重要作用,其社会效益巨大。

全景照(1) The whole scene (1)

三、获奖情况

"QZ145000大吨位抗震球形支座"获得2007年度成都市科技进步奖一等奖。

四、获奖单位

重庆中港朝天门长江大桥项目建设有限公司
中交第二航务工程局有限公司
中铁山桥集团有限公司
中铁宝桥集团有限公司

招商局重庆交通科研设计院有限公司
中铁大桥勘测设计院有限公司

施工全景(1)　Construction panorama (1)

竣工仪式　Completion ceremony

全景照(2)　The whole scene (2)

夜景　Night view

施工全景(2)　Construction panorama (2)

桥面板安装　Bridge panel installation

施工全景(3)　Construction panorama (3)

武汉北编组站
Wuhanbei Marshalling Station Project

一、工程概况

武汉北编组站是我国目前一次建成的亚洲规模最大的路网性编组站，也是国内首个采用编组站综合集成自动化系统（CIPS）的新建编组站。车站采用双向三级七场站型布置，上、下行系统均为一次性建成纵列三级三场并设交换场，配备完善的机务车辆等设备，采用四推双溜自动化驼峰、点连式调速系统，运用编组站综合集成自动化系统、GSM-R无线通信系统及车辆安全动态检测等先进管理技术。

该工程总投资32.05亿元，于2006年4月18日开工建设，2009年4月27日完成交工验收，2010年5月24日完成竣工验收。

二、科技创新与新技术应用

武汉北编组站在设计、施工及管理上进行的创新和突破，整体水平达到国内同类工程领先水平，主要体现和应用了先进的设计方法、理念，符合环保、节能、节地的要求。

1. 设计理念先进，技术领先。编组站在设计观念上充分吸收和借鉴国内外编组站设计的成功经验，采用领先技术，注重系统设计，对各系统之间的协调性、流水性和灵活性方面进行了大胆尝试，注重"前瞻性，系统性"，布局合理、紧凑，优化车站咽喉布局，在满足平行作业进路的前提下，使到车作业顺畅，既节约土地，又提高车站作业效率，节约了工程投资及运营维修费用。

2. 采用设备先进、安全、高效。编组站采用国内先进成熟的"编组站综合集成自动化系统"，并采用了"服务器技术、计算机网络技术、无线通信技术"，以及"优化决策、人工智能、专家系统"等先进的设计方法，采用先进高效的"四推双溜自动化驼峰和点连式设备"，实现调度决策指挥自动化前提下的全面过程控制自动化，一方面提高作业能力，另一方面实现整体作业自动化溜放车辆速度可控化，极大地提高了编组站内的安全生产。

3. 工程科技含量高，采用技术新。编组站站调楼和机务段办公楼采用地源热泵系统，站场照明采用灯桥和投光灯塔有机结合，供电采用AT、直接供电混合供电方式等科技含量较高的技术，桥涵设计采用大跨度大斜交连续框架桥、大跨异型高箱框架桥、超深排水竖井、斜交异型高挡墙等新技术，完成最宽106m框架桥、最长603m涵洞、最高12m异型挡墙等特殊工程的设计和施工，为编组站顺利建设提供了技术保证。

4. 铁路生产力布局合理，规模适度。编组站内机务、车辆设备在系统考虑京广线及其周边生产力布局的基础上，合理确定工程规模，从机车交路合理性、机车应用和配套均衡性、机车整备作业效率最大

全景照片(1)　Panorama (1)

化、车辆段维修任务合理性等方面，提出机务车辆设备的配置数量，并一次规划，预留发展条件。从近一年的使用看，使用单位对此评价很好。

5. 生产设施综合集中，系统优化。编组站对生产设施采用系统整合，改变以往铁路生产设施各自为政的格局，本着统筹考虑、服务运输的指导思想，将同一或相近的生产设施集中整体优化，减少房屋面积1.2万m^2，省地400亩，为铁路编组站生产设施的设置和布局发挥了示范作用。

武汉北编组站

三、获奖单位

中铁大桥局股份有限公司

中铁第一勘察设计院集团有限公司

中铁十二局集团有限公司

中铁电气化局集团有限公司

北京全路通信信号研究设计院

武汉铁路局

驼峰轨道施工　The construction of hump rail

全景照片(2)　Panorama (2)

武汉北编组站

全景照片(3)　Panorama (3)

驼峰缓行器　Hump retarder

编尾内撑式缓行器　Shunting internal stay retarder

车辆安全室外监测设备（5t） Exterior monitoring equipment (5t) for vehicle safety

无线列调通信系统发射塔及办公楼 Launching tower and office building of wireless self-aligning telecommunication system

节能环保的电力系统　Energy-saving and environmental power system

货运安全监控室外设备　Exterior monitoring equipment for freight safety

合肥至武汉铁路

Hefei-Wuhan Railway

一、工程概况

合肥至武汉铁路位于安徽省中西部、湖北省东部，是沪汉蓉快速铁路通道的重要组成部分，东起合肥市，中穿大别山，途经六安市（金寨）、黄冈市（麻城、红安），西止武汉市，线路全长359.361km，共有桥梁118.819km、隧道63.857km，桥隧总长182.676km，正线桥隧比例44%。

本线为I级双线电气化铁路，旅客列车设计速度250km/h及以上，最小曲线半径4500m，限制坡度6‰，闭塞类型为自动闭塞。

本线是我国首批建设的客运专线之一，工期紧、标准高，很多方面没有设计标准和规范可参照；线路长，地形地质差异大，大别山区群山连绵，沟谷深切，桥隧相连，工程艰巨；以有砟轨道为主，部分长大隧道内采用无砟轨道。

工程总投资242.32亿元，于2005年8月30日开工建设，2009年3月9日完成竣工验收。

二、科技创新与新技术应用

1. 创新设计中空式路肩墙。中空式路肩墙集路基、挡墙、桥梁于一身，结构新颖、稳定性强、施工方便、占地小、拆迁少、投资省，可有效保证工期，为特殊地段路基提供了很好的解决方案。

2. 创新设计钢筋混凝土板式钢构，有效地解决了线路小夹角立交的难题。

3. 创新设计双线组合箱梁，并研制其运架机械，解决了山区铁路桥隧相连地段箱梁的制运架问题。

4. 研究设计桥上铺设高速无缝道岔，进行了系统的车—岔—桥动力仿真研究，建立了振动方程和车—岔—桥动力分析的数值方法，确定了车—岔—桥动态安全性及舒适性评价标准等，取得了一系列研究成果。

5. 首次设计长大隧道内双块式无砟轨道，为客运专线大规模铺设提供了经验。

6. 首次在大跨度连续梁上试验验证并成功应用时速250km的钢轨伸缩调节器。

7. 开展了一定地质条件下隧道单层衬砌结构的研究和试验，提出了适用于单层衬砌的围岩稳定性分析方法，制定了单层衬砌的设计方法。

8. 开展通信、信号、电气化、电力等"四电"系统集成研究，为客运专线"四电"系统集成积累了经验。

合肥至武汉铁路大别山隧道进口
Dabie Mountain tunnel entrance of the Hefei-Wuhan Railway

三、获奖情况

"客运专线有砟轨道综合施工技术研究"获得2009年度安徽省科技进步奖一等奖。

四、获奖单位

中铁第四勘察设计院集团有限公司

沪汉蓉铁路湖北有限责任公司

合武铁路安徽有限公司

中铁四局集团有限公司
中铁十一局集团有限公司
中铁隧道集团有限公司
中铁十二局集团有限公司
中铁大桥局集团有限公司
中铁二十五局集团有限公司
中铁电气化局集团有限公司

中国铁路通信信号集团公司
中铁七局集团有限公司
中铁十七局集团有限公司
中铁十局集团有限公司
中铁二十四局集团有限公司
中国交通建设股份有限公司

合肥至武汉铁路洗马河特大桥　Xima River super major bridge of the Hefei-Wuhan Railway

合肥至武汉铁路竹根河特大桥　Zhugen River super major bridge of the Hefei-Wuhan Railway

合肥至武汉铁路响洪甸特大桥　Xianghongdian super major bridge of the Hefei-Wuhan Railway

金寨车站全景　Panoramic view of the Jinzhai station

合肥至武汉铁路长岭关隧道　Changlingguan tunnel of the Hefei-Wuhan Railway

合肥至武汉铁路隧道衬砌效果　Tunnel lining effect of the Hefei-Wuhan Railway

合肥至武汉铁路110t的衬砌台车　110t lining trolley used in Hefei-Wuhan Railway

合肥至武汉铁路900t整孔箱梁架设
Erection of 900t monolithic box girder used in Hefei-Wuhan Railway

合肥至武汉铁路尹湾段路基绿色防护
Green protection on subgrade slope of the Hefei-Wuhan Railway Yinwan section

合肥至武汉铁路架设组合箱梁
Erection of composite box girder used in the Hefei-Wuhan Railway

大别山隧道无砟轨道过渡段
Transition section of unballasted track in the Dabie Mountain tunnel

武汉长江隧道

Wuhan Yangtze River Tunnel Project

一、工程概况

武汉长江隧道是连接武昌、汉口主城区汽车过江交通的主通道。工程位于武汉长江一桥、二桥之间，主线隧道全长为3630m，主要包括盾构始发井、到达井、盾构隧道、明挖暗埋隧道、六条匝道、两座通风塔、管理中心大楼、路面、装饰装修工程及机电设备安装工程等。其中盾构隧道长2×2540m，隧道外径11m，内径10m。隧道设计为左、右线分离式双向四车道，设计车速为50km/h，设计使用年限为100年，可抗7度地震和300年一遇的洪水。

工程总投资22亿元，于2004年11月28日开工建设，2008年12月28日完工，2010年2月2日完成竣工验收。

二、科技创新与新技术应用

武汉长江盾构隧道是我国第一座穿越长江的大型水下交通隧道，修建难度空前。它地处长江中游，江水流速高，河床冲积变化大；地层复杂，江中局部穿切硬质岩石，开挖断面上软下硬；水压力较高，地层透水性强，长距离水下掘进；两岸端隧道上方建筑物密集，且存在长江堤防，等等。针对以上难题工程承包联合体组织相关单位开展了一系列的科研攻关，安全优质地建成了武汉长江隧道，在水下隧道盾构法修建技术领域取得了重大突破和创新：

1. 应用新型大断面气垫式复合泥水盾构，实现了泥水与气压共同稳定工作面的技术，在高水压透水底层有效保持平衡压力，防止突水塌陷；开发运用三层刀具、复合刀盘，实现了水下软土地层和硬岩地层的交替推进功能；采用高分子聚合物不分散泥浆，高抗水分散性及微膨胀同步注浆材料等一系列新设备、新材料和新技术，攻克了多个重大技术难题，保证了施工安全和质量，确保了长江防洪大堤、武九铁路、百年文物建筑鲁兹故居等的安全，并创造了0.45MPa带压作业和复杂地层下2540m长距离掘进不换刀的新纪录。

2. 首次采用大比例尺物理模型试验结合三维力学分析的设计方法，在国内首次设计采用了"大直径盾构隧道通用楔形环"以及"2m环宽、衬砌环九等分"的管片衬砌新结构以及管片接缝双道防水密封条的防水技术，确保了结构设计、施工、地层刚度匹配、防水系统协调及防水效果。

3. 建立了高性能盾构管片的设计概念、设计理论和设计准则等，制定了高抗渗、长寿命、大直径盾构管片的生产技术规程，管片工厂化生产工艺、组装工艺、无损检测技术及耐久性评价办法等工程应用关键技术，确保了管片生产的高质量。

4. 研究运用多种围护结构及逐步减压降水技术，确保了深大基坑与周边建筑物的安全。

武汉长江隧道的成功修建，大大提升了我国大型水下盾构隧道的建造技术，达到了国际领先水平，为我国目前正在建设或筹建的其他水下盾构隧道提供了非常有价值的宝贵经验。

武昌端主线隧道洞口　Main line portal of Wuchang side

三、获奖情况

2009年度"火车头"优质工程一等奖。

四、获奖单位

中铁隧道集团有限公司

中铁第四勘察设计院集团有限公司

武汉市城市建设投资开发集团有限公司

武汉市市政建设集团有限公司

中铁隧道股份有限公司

通车典礼时武昌端全景俯瞰 Overlook of Wuchang portal when opening ceremony

盾构下穿后的省级保护文物——鲁兹故居
The view of the provincial protected historic site, former residence of Roots, after shield undercrossing

武昌右出匝道绿化 Greening of Wuchang right offramp

汉口端主线隧道洞口夜景 Night view of Hankou portal

运营中的隧道内景 Interior view of operation tunnel

盾构下穿后的汉口长江大堤　The view of Hankou Yangtze levee after shield undercrossing

隧道逃生通道内景　The interior view of tunnel escape

盾构下穿后的武昌长江大堤　The view of Wuchang Yangtze levee after shield undercrossing

盾构掘进施工　Excavation of shield

盾构下穿后的汉口江滩公园入口
The view of Hankou beach park entrance building after shield undercrossing

汉口主线洞门　Hankou main line portal

武昌右进匝道　Wuchang right onramp

汉口右进匝道　Hankou right onramp

云南思茅至小勐养高速公路
Yunnan Simao-Xiaomengyang Expressway

一、工程概况

思茅至小勐养高速公路是国家西部开发八条通道的组成部分，也是昆明至曼谷国际大道的组成部分，路线全长97.7km，有37.2km穿过西双版纳国家级自然保护区，高温多雨、地质条件复杂，环保要求高。工程总投资39.95亿元，于2003年6月20日开工建设，2006年4月通过交工验收，2009年3月25日完成竣工验收。

工程量包括：土石方1649.32万m^3，防护工程78.33万m^3；大桥30699m/140座(单幅)，中桥12199m/(单幅)，隧道9090m/30座(单幅)（其中连拱隧道13对，分离式2对），涵洞240道，通道93道，互通式立交5处，半互通式3处。

山岭区四车道高速公路，计算行车速度60km/h，路基宽22.5m，设计荷载为汽车—超20级、挂车—120，设计交通量为2020年远景平均交通量12887辆/日。所经地区最高处海拔1500m（曼歇坝垭口），最低海拔700m（小勐养坝），高差800m。

二、科技创新与新技术应用

1. 首次在国内运用层次分析法进行公路选线研究，建立了热带雨林及自然保护区高速公路选线模型。

2. 因地制宜地采用乡土材料进行生态恢复研究设计，实现全路段植被本土化。

3. 在国内首次提出了连拱隧道的三层中墙隧道设计、施工和排水方法与技术理论；针对性地研究形成了高温多雨地区高速公路路面铺装施工方法，有效地解决了路面高温车辙、水损害等病害。

4. 全面实现了投资、质量和工期三大控制目标，产生了良好的经济和社会效益。

三、获奖情况

1. "连拱隧道建设关键技术的研究"、"思茅至小勐养高速公路环境保护与工程对策研究"获得云南省2008年度科学技术进步奖二等奖；

2. "连拱隧道地质超前预报及施工控制技术研究"、"思小高速公路全程监控技术研究与应用"获得云南省2008年度科学技术进步奖三等奖；

3. 交通运输部全国公路建设典型示范工程（2007年11月）；

4. 2009年度国家优质工程银质奖。

四、获奖单位

云南思小高速公路建设指挥部

服务区观景台下的思茅至小勐养高速公路
Sections of Simao-Xiaomengyang Expressway seen in the Sightseeing stands in the service area

云南省交通规划设计研究院
云南省公路工程监理咨询公司
中国云南路建集团股份公司
云南阳光道桥股份有限公司
云南第二公路桥梁工程有限公司
云南云桥建设股份有限公司
云南路桥股份有限公司

云南第一公路桥梁工程有限公司

云南第三公路桥梁工程有限责任公司

云南云岭高速公路养护绿化工程有限公司

中国葛洲坝集团股份有限公司

中铁十二局集团第二工程有限公司

中铁十八局集团有限公司

浙江省交通工程建设集团有限公司

中交第二航务工程局有限公司

中铁十一局集团第四工程有限公司

中铁一局集团有限公司

中铁十五局集团第二工程有限公司

中铁隧道集团有限公司

第十届中国土木工程詹天佑奖获奖工程集锦

坝区内路基，采用矮填路基，减少取土借方量和占地，保护了耕地
In the flat area, the roadbed of Simao-Xiaomengyang Expressway is lowly filled, to decrease the earthwork and the engross of the infield

思茅至小勐养高速公路线型顺畅，舒展，顺应自然，使公路真正融入到周围的自然环境中
The linetype of Simao-Xiaomengyang Expressway is stretched very freely along the terrain, and it lies naturally in the environments

通过对局部路线方案的调整，普文立交区完好地保留下的古芒果树，成为思茅至小勐养公路的"借景"
The lines of some sections is adjusted, in Puwen intersection, the ancient mango tree is protected, and it becomes a good scene of of the Simao-Xiaomengyang Expressway

云南思茅至小勐养高速公路

天人和谐的思茅至小勐养高速公路　　The linetype of Simao-Xiaomengyang Expressway is stretched very freely along the terrain, and it lies naturally in the environments

树立"不破坏就是最好的保护"的理念，在桥梁施工中，对桥下的树木按照尽量不砍一棵树的原则，对影响施工的树木采取修枝处理，最大限度地保护了桥下树木
We have built up the thoughts, which is that no destroy is the best protection way for the environments. In the construction of the bridges, the trees are reserved as possible as we could, and if it affects the construction, we only disbranched them

挖方路段采用暗埋式排水沟，增加路侧净区，增加了驾驶员的行车安全感。体现了思茅至小勐养高速公路以人为本的建设新理念
In the excavation section, we constructed the gutter in the subterranean, to increase the area of the sides of the Simao-Xiaomengyang Expressway, and the driver feels more safely. This incarnates the thoughts which people oriented, people foremost

隧道施工无仰坡开挖进洞,保护周边的自然环境,突出了周边的自然景观
We excavated the tunnels without slope, the vegetation of the surroundings is protected

服务区观景台　Sightseeing stands in the service area

野生动物的保护（建设范围内的野生亚洲象）　Protection of wild animal (Wild Asian elephants in the construction sites)

高速公路上布设的监控设备　Supervisor control on the Expressway

野生动物通道　Passages constructed for the wild animals

南京至淮安高速公路
Nanjing-Huai'an Expressway

南京至淮安高速公路　Nanjing-Huai'an Expressway

一、工程概况

南京至淮安高速公路(简称宁淮高速公路)是国家高速公路网"7918"中长春至深圳高速公路的重要组成部分，同时亦是江苏省规划建设的"五纵九横五联"高速公路主骨架中的"纵四"的重要路段。起于南京长江三桥，终点是淮安市，全长约184.3km。全线设长大隧道2座，长度3595m；互通立交12处；服务区3处；停车区1处。项目技术标准为：全封闭、全立交，南京江北段、六合至马坝公路江苏段、马坝至武墩段双向六车道，路基宽度35m，淮安北环段双向四车道，路基宽度28m；计算行车速度120km/h。桥涵设计荷载为汽车—超20级、挂车—120。

工程总投资84.8亿元，于2003年8月开工建设，2006年12月完工，2009年9月完成竣工验收。

二、科技创新与新技术应用

1. 开展"高速公路隧道环保型建设技术研究"，成功开发了公路隧道前置式洞口工法及半拱－斜柱棚洞结构的设计、施工关键技术，实现了隧道洞口"零仰坡"施工，避免了隧道洞口高大边坡开挖，保护了自然植被，减小了对原位地质体的扰动，有一定经济、环保和社会效益。

2. 沿线广泛分布膨胀土和粉砂土。探索膨胀土路基施工工艺，在大量试验和检测工作的基础上，形成一整套膨胀土路基施工技术，下发了《宁淮高速公路改良膨胀土路基施工工艺指导意见》，填补了省内空白。

3. 开展"老山隧道智能联动控制应用研究"，将传统隧道机电系统中的交通监控、照明、通风、消防、供配电等相对独立的子系统进行系统集成，制订了预案，实现了系统联动控制，提高了在隧道营运阶段突发事件的应急反应速度和智能处理能力，保障了运营安全。

三、获奖情况

1. 2008年度江苏省"扬子杯"优质工程奖；
2. 2008年度、2009年度国家优质工程奖银质奖。

四、获奖单位

江苏省交通工程建设局
南京市公路建设处
淮安市交通工程建设处
中交第二公路勘察设计研究院有限公司
江苏省交通规划设计院有限公司
北京路桥通国际工程咨询有限公司
江苏东南交通工程咨询监理有限公司
中交一公局第三工程有限公司
中铁十八局集团有限公司
中铁十五局集团有限公司

南京至淮安高速公路

南京交通工程有限公司
南京市路桥工程总公司
江苏江南路桥工程有限公司
江苏省镇江市路桥工程总公司
中铁十二局集团有限公司
中铁十九局集团第二工程有限公司

路容路貌(1)　Appearance of expressway (1)

花旗营互通　Interchange of Huaqiying

互通区绿化　Green plant in interchange area

路基的绿色防护　Green plant protection of subgrade

路容路貌(2)　Appearance of expressway (2)

南京至淮安高速公路

老山隧道棚洞　Hangar tunnel of Laoshan tunnel

主线跨省联网收费　Toll collection of trans-provincial expressway network

新疆乌鲁瓦提水利枢纽工程
Wuluwati Multipurpose Dam Project

一、工程概况

乌鲁瓦提水利枢纽工程位于新疆和田地区境内，是和田河西支流喀拉喀什河的控制性骨干工程，是流域规划确定的第一期开发梯级，具有灌溉、防洪、发电和改善生态等效益。枢纽工程由混凝土面板砂砾石主坝（高133m，长365m）、副坝、溢洪道、泄洪排沙洞、冲沙洞、引水发电洞、坝后式地面电站厂房和户内式升压变电站等建筑物组成。水库正常蓄水位1962.00m，校核洪水位1963.29m，总库容3.336亿m³。主要建筑物为Ⅰ级。

工程建成后，改善灌溉面积113万亩，解决了灌区春季严重缺水的问题。通过水库调节，可将常遇洪水洪峰流量削减到500m³/s，提高了河道的防洪能力。电站装机容量4×15MW，保证出电16.5MW，多年平均发电量1.97亿kW·h，现已成为和田地区的骨干电源。与玉龙喀什河联合运用，可保证和田河干流每年向塔里木河输送生态用水10.57亿m³，有效维护了和田河下游绿色走廊的生态环境。

该工程总投资约12.58亿元，于1995年10月开工建设，1998年8月开始蓄水，2001年4台机组并网发电，2009年9月通过水利部组织的工程竣工验收。

二、科技创新与新技术应用

1. 主坝高133m，采用面板砂砾石筑坝，是当时全国在建的同类坝型中的第一高坝，为同类坝的后期建设和规程规范的制定提供了技术借鉴。

2. 通过对砂砾石料渗流特性的研究，改进了砂砾石面板坝的坝体分区、坝料分层结构和坝体排水系统的设置原则和方法：将坝体内水

枢纽工程正面右侧全景　The right front panorama of the pivotal project

平排水体由满河床式改为条带式布置。

3. 根据工程的坝料特性，通过对坝基不同开挖范围的有限元分析，对坝基覆盖层的开挖方式进行了改良，采用小开挖方案。

4. 优化坝体结构和排水系统，副坝采用古河槽天然沉积的砂砾石体作为坝体，将开挖整理好的上游坡面铺设400mm厚无砂混凝土透水层，表面浇筑混凝土防渗面板，在无砂混凝土表面喷乳化沥青以减少对混凝土面板的约束。将副坝渗水通过设置的排水通道排入主坝排水体内。

5. 引进新的设计理论和方法，改进周边缝的结构形式，表层止水采用"GB"复合三元乙丙橡胶板封闭，增加表层止水效果。铜止水在工厂进行退火处理并增加其埋入混凝土内的长度，以增强与混凝土的粘结能力和适应变形能力。在周边缝底部采用可靠的反滤保护措施（设置无纺布反滤层），利用河水中的泥沙形成完整的裂缝自愈系统。

三、获奖情况

1. "乌鲁瓦提水利枢纽工程高混凝土面板砂砾石坝关键技术研究"获得2003年度国家科学技术进步奖二等奖；
2. 2002年度国家第十届优秀工程设计金奖；
3. 2004年度全国第九届优秀工程项目银质奖。

四、获奖单位

新疆乌鲁瓦提水利枢纽工程建设管理局
新疆水利水电勘测设计研究院
中国水电建设集团十五工程局有限公司
葛洲坝新疆工程局（有限公司）
新疆生产建设兵团建设工程（集团）有限责任公司
新疆汇通水利电力工程建设有限公司
新疆水利水电工程建设监理中心

枢纽工程正面全景　The front panorama of the pivotal project

枢纽工程正面左侧全景　The left front panorama of the pivotal project

新疆乌鲁瓦提水利枢纽工程

枢纽工程俯视右岸全景　The panorama overlooking from the right bank of the pivotal project

枢纽工程俯视左岸全景　The panorama overlooking from the left bank of the pivotal project

贵州乌江索风营水电站
Suofengying Hydropower Station, Guizhou Wujiang

建成后的大坝坝区俯视图(1)　The top view of the dam after completion (1)

一、工程概况

索风营水电站位于乌江中游六广河段，以发电为主，电站装机3×200MW，年设计发电量20.11亿kW·h，大坝及泄洪系统、引水发电系统为2级建筑物，属Ⅱ等大（二）型工程。

坝址控制流域面积21862m²，水库总库容2.012亿m³，具有日调节性能，正常蓄水位837m，死水位822m。百年一遇设计洪水流量12500m³/s，千年一遇校核洪水流量16300 m³/s。枢纽由碾压混凝土重力坝、坝身开敞式溢流表孔、右岸引水系统和地下厂房等主要建筑物组成。最大坝高115.95 m，坝顶全长164.58m。

泄水建筑物采用"X"形宽尾墩+台阶坝面+消力池的组合消能形式，河床坝段设5孔单孔宽13m的开敞式溢流表孔。引水系统为三洞三机单元供水，右岸布置岸塔式进水口、地下厂房、主变洞和GIS开关站等建筑物。

工程于2002年7月开工建设，2006年6月完工，2007年12月竣工验收，静态总投资25亿元。

二、科技创新与新技术应用

1. 采用"X"形宽尾墩+台阶坝面+消力池的新型消能方式，使消力池长度缩短1/3左右，泄洪消能率达90%以上，掺气率大于4%，墩和台阶坝面水流不发生空化，消力池和下游流态稳定，雾化程度轻微，有效地解决了大流量洪水对下游的冲刷问题。

2. 采用"立体多层次、平面多工序"地下工程快速施工新技术，成功地解决了控制大型地下厂房施工进度的关键环节，开挖后残孔率97%，仅用14个月完成了大型地下洞室群的开挖和支护，工期提前了8个月。

3. 建立"半干式"环保砂石系统，减少粉尘对大气的污染，实现了节能降耗、绿色环保的目标。建立珍稀动物保护站、珍稀鱼类增殖放流站，建设与环保两兼顾。

4. 采用氧化镁微膨胀剂碾压混凝土施工，突破夏季高温季节不能大规模施工的"禁区"，提高了碾压混凝土的抗裂性能，解决了大坝强约束区常见的混凝土贯穿性裂缝问题。

5. 采用一种全连续混凝土生产方式及施工技术系统，实现了混凝土进料、拌合、运输连续一体化。该系统无须动力，能以200m³/h的速度连续生产混凝土，具有节能、高效、环保、价低等优点。为浇筑大体积混凝土提供了多快好省的解决方案。

6. 采用磷矿渣和粉煤灰掺入混凝土技术、大跨度两车道倒张钢索桥梁结构、聚丙烯纤维喷射混凝土洞顶支护、岩锚梁镜面混凝土等一系列新材料和新工艺。

三、获奖情况

1. 2008年度贵州省"黄果树杯"优质工程；

2. "X形宽尾墩消能技术研究与应用"获得2007年度陕西省科学技术奖一等奖；

3. "大型环保人工砂石系统半干式制砂工艺研究"、"索风营水电站大坝碾压混凝土温度控制施工技术"、"索风营水电站地下厂房结构新技术研究与应用"、"索风营水电站狭窄河谷RCC重力坝筑坝技术研究"分别获得贵州省科学技术进步奖三等奖。

四、获奖单位

贵州乌江水电开发有限责任公司

中国水电顾问集团贵阳勘测设计研究院

中国水利水电第八工程局有限公司

中国水利水电第六工程局有限公司

中国水利水电第九工程局有限公司

中国水电基础局有限公司

坝区原始地貌　The original topography of dam area

大坝雄姿　Majestic appearance of the dam

贵州乌江索风营水电站

建成后的大坝坝区俯视图(2)　The top view of the dam after completion (2)

"X"形宽尾墩+台阶坝面+消力池的新型消能工程　The new united dissipator with X-type flaring gate pier, stepped spillway dam surface and stilling basin

索风营发电厂大坝泄洪　Flood discharge of Suofengying power plant dam

贵州乌江索风营水电站

沂河刘家道口节制闸工程
Liujiadaokou Check Sluice Project of Yihe

一、工程概况

沂河刘家道口节制闸工程是国家治淮19项骨干工程之一"沂沭泗河洪水东调南下续建工程"的关键性控制工程，为流域中下游地区的经济社会发展提供防洪安全保障，同时兼有蓄水、灌溉、排沙、交通等综合效益。刘家道口节制闸为钢筋混凝土大小底板结构，共36孔，单孔净宽16m，闸体总宽646m，工作闸门为钢质弧形闸门，采用液压式启闭机启闭，设计泄洪流量12000m³/s，校核流量14000m³/s，为目前国内平原河道中最大的水闸。

枢纽工程总投资5.89亿元，于2005年12月开工，2008年12月通过下闸蓄水验收，2010年4月通过竣工验收。工程自2008年年底投入运行以来，经历了4650m³/s洪峰的考验。最高蓄水位60.5m，达到远期设计标准，满足农业灌溉用水和生态用水需求，整个工程运行良好。

二、科技创新与新技术应用

1. 首次采用型钢混凝土锚体弧门支座预应力闸墩，解决了弧门支座与闸墩结合部位及闸墩局部受拉区的结构稳定性问题。

2. 进行"大型表孔弧门结构抗震稳定性研究"，闸址位于场地地震烈度8度区，大型水闸地震设防烈度为9度，设计采用空闸结构计算和测试，对弧门进行了不同工况在地震影响下的整体结构受力及变形研究，并采取有效措施，提高抗震安全。

3. 弧门支座箱形钢梁振动时效消应技术的应用，解决了超厚钢板焊接消除残余应力的难题。

三、获奖情况

1. "弧形闸门支铰钢梁振动时效消应技术研究与应用"获得2007年度安徽省科学技术奖三等奖；

2. 2010年度中国水利工程优质（大禹）奖。

四、获奖单位

淮委·山东省水利厅刘家道口枢纽工程建设管理局

中国水电建设集团十五工程局有限公司

山东省水利勘测设计院

安徽省大禹工程建设监理咨询有限公司

安徽水利开发股份有限公司

山东水总机械工程有限公司

李庄闸全景　Full views of Lizhuang sluice

刘家道口节制闸下游全景　Downstream full views of Liujiadaokou Check Sluice

刘家道口节制闸行洪　Flood flowing in Liujiadaokou Check Sluice

李公河防倒漾闸全景　Full views of Ligonghe prevent overflow sluice

刘家道口节制闸全景　Full views of Liujiadaokou Check Sluice

蓄水后的刘家道口节制闸　The impoundment periods of Liujiadaokou Check Sluice

天津港北防波堤延伸工程

Extension Project of Breakwater in the North Part of Tianjin Port

一、工程概况

天津港北防波堤延伸工程位于天津港主航道北侧，现有北大防波堤以外海域，自北大防波堤一期工程南外堤东端向东延伸5850m，走向与航道大致平行。天津港所在海岸为淤泥质，港口存在一定的泥沙回淤，现有防波堤已不能满足港口的发展和建设需要。天津港北防波堤延伸工程对港口减淤、防浪、防冰效果显著，对保障码头的正常运营十分必要，是加快滨海新区建设、拓展天津港港口功能、发挥港口优势、推动经济持续增长的重点工程项目之一。

本工程施工范围为N0+0.0～N5+850.0，泥面高程-5.3～-2.0m，堤顶高程+5.0m，在软基上建造堤身总高度7～10.3m的防波堤，在不进行基础处理的情况下必须采用轻型结构。本工程建设水上防波堤5850m，其中：空心方块堤144m，半圆体形堤2156m，箱筒形堤3350m。工程总投资7.7亿元，于2005年11月20日开工建设，2008年4月竣工。

二、科技创新与新技术应用

1. 该工程是建设在超软土地基上的防波堤，500t半圆体结构首次在国内大规模应用，箱筒形结构在世界上首次应用于防波堤工程。
2. 空心方块堤结构形式新颖，大幅度降低了堤身自重，较好地适应了超软土地基，获得了实用新型专利。
3. 半圆体结构与传统防波堤结构相比，省去了防波堤的上部结构，节约了工程造价。施工的出运、安装工艺分别采用气囊，大型横、纵移车，500t陆地起重机等工艺均属创新。
4. 首次提出并应用插入式箱筒形防波堤结构，省去了防波堤基床工程，适用于深水软土地基。对重达3100t的箱筒形结构采用的分体预制、整体拼装、气浮拖运、负压下沉新型施工工艺均属首创。
5. 首次对波浪—防波堤—地基的相互作用开展了全面的研究，揭示了软黏土在波浪作用荷载下的软化机理和规律。
6. 插入式箱筒形防波堤结构达到国际先进水平，有较高的推广前景和应用价值。

三、获奖情况

1. 2007年度天津市建设工程"海河杯"奖，2009年度天津市建设工程"金奖海河杯"奖；
2. 2009年度国家优质工程银质奖；
3. 2009年天津市建设工程优秀设计奖；
4. 箱筒的气浮拖运、负压下沉工法获得国家一级工法，获交通运输部科技进步三等奖。

箱筒形结构全景(1)　Tube shaped of breakwater (1)

四、获奖单位

中交一航局第一工程有限公司
中交第一航务工程勘察设计院有限公司
天津港建设公司
天津港工程监理咨询有限公司
中交天津港湾工程研究院有限公司

箱筒形结构全景(2)　Tube shaped of breakwater (2)

半圆形结构全景　Semi-circle of breakwater

箱筒结构气浮拖运 The halting of tube shaped of breakwater

浮船坞运输箱筒形结构 The moving of tube shaped by floating dock

500t起重机进行半圆体装船作业
500t crane for the operation of semi-circle loading on the board

制作专用吊架，方便半圆体安装
Special cradle designed, facilitated to install the semi-circle

青岛港原油码头三期工程
Qingdao Harbour Cruel Oil Terminal Project (3rd phase)

一、工程概况

青岛港原油码头三期工程位于青岛市黄岛区，建设30万t级原油接卸泊位1个及相应的配套设施，码头尺度、结构及工艺系统按45万t级设计（前沿停泊区近期疏浚到30万t级），年设计通过能力为2000万t。工程总投资4.43亿元，于2006年2月开工建设，2007年4月建成试运行，2008年12月完成竣工验收。

本工程是目前国内最大吨级的码头，可以停靠10～45万t级油轮。创造了原油码头吨级、接卸能力、码头前沿水深、混凝土引桥跨度、单联桥长度、沉箱高度、输油管线直径、输油臂参数、卸船效率等多项最新纪录。

二、科技创新与新技术应用

本工程是目前国内最大吨级的码头泊位之一，创造了多项参数的最新纪录。

1. 综合利用现场勘测、物理模型试验、船舶操纵模拟试验以及采用三维技术指导优化设计，科学合理地进行了码头平面布置，创新码头结构，工艺系统先进高效，工程设计达到国际先进水平。

2. 适应地质条件的变化，码头结构采用了重力式和高桩墩台两种结构，并在计算理论上有所突破（如对重力群墩考虑了上部结构和墩台间变形的协调），促进了计算理论的进步。

3. 引桥桥墩一改过去采用大跨度钢结构桥的先例，采用了预应力混凝土变截面连续箱梁桥结构形式，具有跨度大、桥墩数量少、投资省、耐腐蚀性好、使用期不需要维护、造型美观等优点。这种结构挂篮施工，在我国油码头工程引桥结构中当属首次。

4. 卸船工艺系统功能完备、效率高、设备选择经济合理。自控系统集成了多项先进技术。

5. 为了减少上部为现浇预应力箱形连续梁结构的引桥重力墩台的不均匀沉降，保证抛石基床的密实度，施工单位对其采取了水下压力升（灌）浆工艺。通过沉降位移定期观测，最终不均匀沉降值小于20mm，满足设计要求。

6. 在工程建设中科学组织、严格管理、优质服务，积极采用新技术、新工艺、新材料，计划先导，协调有力，形成了富有成效的质量保证体系。

7. 根据《港口建设项目工程质量等级评定标准》，本工程共有3个单位工程参与评定，单位工程优良率100%，竣工验收评定该工程质量等级为优良。

鸟瞰图　Bird's-eye view

三、获奖单位

中交水运规划设计院有限公司
青岛港（集团）有限公司
青岛港务局港务工程公司
中交一航局第二工程有限公司
天津天科工程监理咨询事务所

全景(1)　Full view (1)

全景(2)　Full view (2)

巨型油轮正在卸油　VLCC unloading oil

引桥箱梁合龙　Closure of box girder of approach bridge

建成后的引桥　The completion of approach bridge

码头南侧三个高桩结构系缆墩　Bollards of high-piled wanf in south side of harbor

广州港南沙港二期工程

Guangzhou Nansha Port, Project (2nd phase)

一、工程概况

广州港南沙港区二期工程位于珠江口伶仃洋喇叭湾顶，广州市最南端的珠江出海口西岸，东与东莞虎门隔海相望，西连中山市。工程于2005年2月8日开工，2007年9月20日完工，2008年12月31日竣工验收，总投资45亿元。工程为新建6个5万t级集装箱专用泊位及配套设施，考虑其发展，其中码头水工结构按靠泊10万t级集装箱船舶设计，码头岸线长2100m，陆域纵深1178m，设计年吞吐能力为240万标准箱。

码头采用顺岸连片式布置，港区设置一进一出分开布置的出入口，辅建区集中布置在港区后方。码头面高程+5.4m，前沿水域底标高为－15.500m，其中7号、8号泊位码头前沿停泊水域底标高为－16.000m，远期码头前沿设计底标高为－17.000m；码头前沿停泊水域宽度5号、6号、9号、10号泊位为80m，7号、8号泊位为113m。

码头采用沉箱重力式结构，单个沉箱重2237t，共制安沉箱119个；陆域形成面积223.6万m^2，软基处理面积243.6万m^2（含港外道路），疏浚面积约263万m^2，疏浚工程量约2685万m^3，各种管线206.186km，铺设道路堆场面积约为126万m^2，港区建筑物总建筑面积为7.987万m^2，设10kV变电站6座，配置集装箱装卸桥18台、轮胎式龙门起重机48台及其他装卸设备161台。

二、科技创新与新技术应用

建设管理方面

1. 科学管理，加大内部协调，及时解决工程中出现的问题；加强与外部相关单位的沟通，建立良好的外部条件；确保工程按计划实施，创造了南沙建港速度。

2. 工程实施过程中，建设单位充分利用第三方检测手段和数据，及时了解工程的实际情况，指导项目的实施，确保工程质量。

设计方面

1. 码头布置合理，前沿线与潮流方向夹角小，有利于防止泥沙回淤。

2. 工程所处地质差异大，根据不同地质分别采用多种地基处理方

工程全景图(1)　Project plan layout (1)

法，效果较好。

3. 采用耐磨混凝土地坪代替传统钢板，解决龙门吊轮胎及过往车辆带来的磨损，避免钢板锈蚀造成的污染。

4. 为防止混凝土胸墙产生裂缝而采取措施，面层掺加高性能海港混凝土抗蚀增强剂、配置补偿收缩混凝土和增设钢筋网首次在胸墙混凝土中应用。

施工方面

1. 在吹填施工时，使用消能分叉管头，梅花式布设出砂管头，均匀加荷，避免局部过载产生"淤泥包"影响砂填层施工质量。

2. 在真空预压加固软土地基、水下基槽回淤处理、基础爆夯等重要施工技术环节采用了许多技术改良和创新技术。

三、获奖情况

1. 2007年度江苏省"扬子杯"省外优质工程奖；
2. 2009年度交通运输部水运工程质量奖。

四、获奖单位

广州港集团有限公司

中交第四航务工程勘察设计院有限公司

中交第四航务工程局有限公司

中交一航局第五工程有限公司

中交第三航务工程局有限公司

长江航道局

中交广州航道局有限公司

广州港水运工程监理公司

广州南华工程管理有限公司

广州海建工程监理公司

工程全景图(2)　Project plan layout (2)

工程全景图(3)　Project plan layout (3)

工程全景图(4)　Project plan layout (4)

工程全景图(5)　Project plan layout (5)

工程全景图(6)　Project plan layout (6)

吹填(1)　Reclamation (1)

吹填(2)　Reclamation (2)

吹填砂垫层管头　Hydraulic pipe outlet

水下砂桩　Underwater sand pile

打塑料排水板　Construction of plastic drain

半潜驳沉箱出运　Cassions loading out by semi-submerged barge

软基处理（堆载预压和真空预压）　Ground improvement (preloading and vacuum preloading)

抽真空　Vacuumize

潜水员水下整平　Foundation levelling by diver

基槽开挖　Foundation trench dredging

已安装的轮胎龙门吊　Assembled tyre gantry crane

北京小红门污水处理厂

Beijing Xiaohongmen Wastewater Treatment Plant

一、工程概况

小红门污水处理厂位于北京市南四环中路肖村桥西南侧，日处理污水量60万m^3，总占地面积48.43hm^2，流域面积223.5km^2，服务人口241.5万人。污水处理采用厌氧、缺氧、好氧（A/A/O）工艺，具有除磷脱氮功能；污泥处理采用浓缩→厌氧消化→脱水工艺，实现污泥处理无害化、稳定化、减量化和资源化。工程总投资11.04亿元，于2003年11月开工建设，2009年4月完成竣工验收。

二、科技创新与新技术应用

设计方面

1. 针对原污水特性具有除磷脱氮功能改进型的好氧工艺将好氧区分为四个单独可控的区段，可实现需氧量的任意调控与组合，可显著提高处理效果，降低能耗。

2. 采用国际上先进的卵形消化池，有利于污泥搅拌混合循环，提高了容积效率，降低了能耗。

3. 在结构设计中首次采取了8度地震裂变设防，编制了壳内力分析的相关程序，在理论和技术上解决了壳体内力分析的难题，做到了在同等级规模的卵形消化池中池壁最薄。

施工方面

在卵形消化池的建造中采用了"移动锚张拉无粘结预应力技术"和自主创新的"环向受力大型双曲面整体自稳钢模板体系"，做到了结构表面光滑圆顺，张拉无滑丝、断丝现象，结构无裂缝等良好效果。

小红门污水处理厂全景(1)　Xiaohongmen Wastewater Treatment Plant panorama (1)

运行管理方面

充分利用设计提供的主要工艺单元——污物反应池可调控的便利条件针对进水水质和水量变化的状况进行多参数动态模拟与优化，使出水水质稳定地达到并超过了设计执行的污水处理厂排放水质标准的I级B的全部指标，还做到了节能降耗（节电5%～10%）。

社会与环境效益方面

1. 利用消化池产生的沼气自用和发电，每年可节约用电约960万kW·h，加之节约天然气，全年节约天然气和电费总计约1100万元。

2. 每年可减少污染物排放BOD5约3.8万t，COD约7.38万t，磷约920t。中水除自用外，用于农业灌溉，每年可减少农业对地下水开采6000万m³。

三、获奖情况

1. 2009年度中国建设工程鲁班奖；
2. 2007年度北京市政基础设施竣工长城杯金质奖；
3. 2009年度全国优秀工程勘察设计行业奖"市政公用工程"一等奖。

四、获奖单位

北京市市政工程设计研究总院
北京城市排水集团有限责任公司
北京市市政四建设工程有限责任公司

小红门污水处理厂全景(2)　Xiaohongmen Wastewater Treatment Plant panorama (2)

小红门污水处理厂全景(3)　Xiaohongmen Wastewater Treatment Plant panorama (3)

小红门污水处理厂全景(4)　Xiaohongmen Wastewater Treatment Plant panorama (4)

今日凉水河　Today's Liangshui River

小红门污水处理厂全景(5)　Xiaohongmen Wastewater Treatment Plant panorama (5)

初沉池　Primary sedimentation tank

二沉池　Secondary clarifier

北京小红门污水处理厂

卵形消化池　Egg-shaped digester

曝气池　Aeration tank

上海白龙港污水处理厂升级改造及扩建工程

Shanghai Bailonggang Wastewater Treatment Plant Upgrade and Extending Project

工程全貌(1)　The panoramic view of the project (1)

一、工程概况

白龙港污水处理厂升级改造及扩建工程位于上海浦东新区合庆镇朝阳村，占地约70hm^2，日处理污水量为200万m^3，是全亚洲最大的具有脱氮除磷功能的二级污水处理厂，规划规模将达到世界第一的350万m^3/d。污水处理采用国际先进的多模式AAO生物除磷脱氮工艺，尾水达标并经紫外线消毒后排入长江，出水达到国家二级排放标准。污泥采用厌氧中温消化及干化工艺，稳定后外运填埋。

该工程主要包括生物反应池、出水泵房、变电所、鼓风机房、仪表间、集控楼等。工程总投资22亿元，于2007年4月开工建设，2008年6月完成竣工验收。

二、科技创新与新技术应用

设计方面

1. 采用了先进的多模式AAO工艺和智能化控制系统，在确保出水达标的情况下降低了能耗。

2. 采用"精确曝气控制技术"，节约电能约10%。

3. 厂区采用集约化布置，缩短了构筑物间的管道长度，节约了占地，也便于巡检及管理。构筑物外墙采用多项保暖技术及中空玻璃门窗等多项节能措施，体现了绿化、环保理念。

施工方面

1. 针对300m×250m超大型生物反应池结构的特点，采用有限元对池体作整体的空间内力分析，减少了10%的钢筋用量；同时采取完全缝、引发缝和后浇带混合使用以及掺加抗裂防水剂等措施，减少了完全缝的数量，提高了池体整体性，减少了池体漏水率。

2. 优化了反应池的桩基布置，采用地基承载桩基抗拔的共同作用，减少了装机数量约30%，节约了投资。

经济指标

1. 能耗指标：0.126 kW·h/m^{3}污水，低于国家标准低值（国家标准0.15~0.28 kW·h/m^{3}污水）。

2. 用地指标：0.43hm^2/万m^{3}污水，低于国家标准低值（国家标准0.45~0.5 hm^2/万m^{3}污水）。

3. 投资指标：579元/m^{3}污水，低于国家标准低值（常规标准700~600元/m^{3}污水）。

社会效益、经济效益、环境效益三者有机结合

每年COD的减排量可达16.28万t，如按现行排污收费12万元/t进行产权交易，折合产生经济效益约195亿元，并在全国环保领域取得了污水处理率、污水处理规模、COD削减量三个第一。

三、获奖情况

1. 2009年度全国工程勘察设计行业优秀工程勘察设计行业奖"优秀市政公用工程"设计项目一等奖；

2. 2009年上海市市政工程金奖。

四、获奖单位

上海白龙港污水处理有限公司

上海市第七建筑有限公司

中国核工业华兴建设有限公司

上海市政工程设计研究总院

北京市市政工程设计研究总院

上海宏波工程咨询管理有限公司

上海市第一市政工程有限公司

上海市政工程勘察设计有限公司

工程全貌(2)　The panoramic view of the project (2)

工程全貌(3)　The panoramic view of the project (3)

主要设备：初沉池链板式非金属刮泥机
Main equipment: nonmetal sludge scraper in primary subsidence pool chain curve style

特色：超大AAO曝气池　Feature: AAO exposed gas pond in super size

主要设备：紫外线消毒　Main equipment: ultraviolet disinfection pond

175

北京奥林匹克公园中心区市政配套工程
Beijing Olympic Park Central District Municipal Conveyance Project

工程全景照片　Panoramic view of the project

一、工程概况

奥林匹克公园位于北京南北中轴线的北端，是北京2008年奥运会的核心地区。中心区市政配套工程包括道路、桥梁、隧道、雨水、污水、再生水、照明、绿化等工程。共涉及31条道路，新建道路总长80.2km，新建立交桥14座，改建立交桥3座；新建隧道3条，总长约10km，包括地下立交桥4座；新建雨水、污水、再生水管线206.5km；新建雨水泵站12座。工程总投资62亿元，于2003年2月开工建设，2008年7月完成竣工验收。

二、科技创新与新技术应用

1. 以创新理念设计精品工程。以文化景观为主，以地面到地下三层布设主体化道路交通网络系统，实行安全、高效、应变能力较强的综合系统。从疏散不超过50min效果看，达到较高的组织水平，体现了以人为本、步行优化、安全舒适、绿色健康的出行方式、完善的换乘、公交优先的原则。

2. 建设中注重四节一环保。从资料看：节约用地约18万m^2，隧道照明选择节约用电20%。采用温拌沥青、橡胶沥青的筑路材料，减少了20%二氧化碳、40%粉尘的排放量。采用再生水综合利用技术，保持自然特点，一年一遇降雨外排量不大于15%，利用工业废渣作为回填压重材料替代砂石等常规建筑材料节约资源。

3. 编写两个有指导性的文件：《北京市地下联系隧道规划设计导则》和《城市地下联系隧道防火设计规范》。

三、获奖情况

1. 2009年度国家优质工程银质奖；
2. 2007年度北京市政基础设施竣工长城杯金质奖；
3. 2007年度北京市政基础设施结构长城杯金质奖；
4. 2008年度全国优秀工程勘察设计银奖。

四、获奖单位

北京市市政工程设计研究总院

北京市公联公路联络线有限责任公司

北京新奥集团有限公司

北京城市排水集团有限责任公司

北京市政建设集团有限责任公司

北京城建道桥建设集团有限公司

北京市公路桥梁建设集团有限公司

北京市市政一建设工程有限责任公司

上海市隧道工程轨道交通设计研究院

中铁二局股份有限公司

成都中铁隆工程有限公司

北京奥林匹克公园中心区
市政配套工程

工程全景　Full view of the project

透水人行道　Permeable sidewalk

橡胶沥青路面　Ruber bitumen pavement

彩色沥青路面施工　Construction of colored bituminous pavement

成府路隧道开敞式下沉公交站　Open tunnel sunken bus stop at Chengfu road

地下交通联系通道滚动显示屏及车道指示灯　Roll screen and roadway indicator light in underground connecting passageway

珠海格力广场住宅小区一期A区
Zhuhai Gree City Residential District (Area A of 1st phase)

一、工程概况

格力广场项目位于珠海主城区的几何中心位置，南倚将军山，北望板樟山，北向毗邻城市主干道九洲大道。项目总占地面积约13.1万m²，总建筑面积57.1万m²，其中一期A区用地4.9万m²，建筑面积19.2万m²，有7栋高层住宅楼和1栋会所，会所2820.07m²，地下室3.66万m²，容积率3.11，建筑密度17.5%，绿地率35.6%。于2007年9月开工建设，2009年12月竣工验收。

二、科技创新与新技术应用

格力广场项目的开发建设以创建全国优秀示范小区为目标，小区规划着力于解决小区与城市的关系，构筑良好的住区环境，建筑设计注重提高居住品质，规划布局合理，功能清晰，建筑造型简约大方。

小区规划设计充分利用现有环境资源，对原有树木、原有地形等自然元素加以保护。同时，结合珠海市海滨城市的特点，创造统一的和谐形象，环境、建筑、人居融为一体。为城市的景观注入新的活力。

小区注重科技进步和积极应用新技术，成果显著，尤其是工程施工质量创下当前全国住宅工程的一流水平。格力广场一期A区在设计、施工中应用了大量科技成果及先进施工工艺、施工技术等，如在砌体施工方面采用加气混凝土砌体组砌法、抗裂柱两段浇筑法、水平配筋带、拉结钢筋后植筋、顶砖斜砌法、门窗框混凝土构造柱等多种创新工艺，推动了施工技术的进步。同时，格力直流变频（直冷式）多联机中央空调系统、无负压管网自动增压供水系统、雨水收集及利用系统、泳池水循环利用系统等先进技术设备的采用，不仅在节水、节能、环保方面作出了贡献，而且从根本上保证了现代居住社区的品质，实现了"科技改变生活"的目标。

小区综合考虑商业区、综合楼、教育设施与住宅之间的关系，充分利用丰富的山景资源创造优美的生活环境；建筑布局采用具有韵律的短板楼与塔楼塑造小区空间；配套商业、地下停车场、会所、社区服务中心等公共服务设施齐全；为居民提供了安全、方便、舒适的生活环境。

三、获奖情况

2010年度"全国优秀示范小区"（中国土木工程学会住宅工程指导工作委员会颁发）。

四、获奖单位

珠海格力房产有限公司
珠海市建筑设计院
珠海市建安集团公司
中建三局第一建设工程有限责任公司
南通四建集团有限公司
中国建筑第五工程局有限公司

小区园景　Landscape garden

广东省广弘华侨建设投资集团有限公司
广东大潮建筑装饰工程有限公司
深圳市晶宫设计装饰工程有限公司
汕头市建安实业（集团）有限公司

第十届中国土木工程詹天佑奖获奖工程集锦

小区全景　Landscape area

铝合金遮阳设施　Aluminum alloy shading device

珠海格力广场
住宅小区一期A区

YKK门窗系统　YKK doors & windows system

室外泳池　Open-air swimming pool

小区会所　Chamber in the area

珠海格力广场
住宅小区一期A区

整体鸟瞰图　Airscape

园林景观　Garden landscape

图书在版编目（CIP）数据

第十届中国土木工程詹天佑奖获奖工程集锦／谭庆琏主编．—北京：中国建筑工业出版社，2011.3
 ISBN 978-7-112-13004-7

Ⅰ.①第… Ⅱ.①谭… Ⅲ.①土木工程－科技成果－中国－现代 Ⅳ.①TU-12

中国版本图书馆CIP数据核字（2011）第037097号

责任编辑：张振光　杜一鸣
责任校对：王雪竹

第十届中国土木工程詹天佑奖获奖工程集锦
COLLECTION OF AWARDED PROJECTS
OF THE 10th TIEN-YOW JEME CIVIL ENGINEERING PRIZE
中 国 土 木 工 程 学 会
詹天佑土木工程科技发展基金会　主办
谭庆琏　主编
*
中国建筑工业出版社　出版、发行（北京西郊百万庄）
各地新华书店、建筑书店经销
北京方舟正佳图文设计有限公司设计制作
北京画中画印刷有限公司印刷
*
开本：787×1092毫米　1/8　印张：23½　字数：566千字
2011年4月第一版　　2011年4月第一次印刷
定价：260.00元
ISBN 978-7-112-13004-7
　　　（20445）

版权所有　翻印必究
如有印装质量问题，可寄本社退换
（邮政编码 100037）